农事指南系列丛书

食用豆产业关键实用技术100问

陈　新　编著

中国农业出版社
北　京

图书在版编目（CIP）数据

食用豆产业关键实用技术100问 / 陈新编著. —北京：中国农业出版社，2021.8

（农事指南系列丛书）

ISBN 978-7-109-28736-5

Ⅰ. ①食…　Ⅱ. ①陈…　Ⅲ. ①豆类作物—栽培技术—问题解答　Ⅳ. ①S52-44

中国版本图书馆CIP数据核字（2021）第168459号

中国农业出版社出版

地址：北京市朝阳区麦子店街18号楼

邮编：100125

策划编辑：张丽四

责任编辑：卫晋津　　文字编辑：宫晓晨

责任校对：吴丽婷

印刷：北京通州皇家印刷厂

版次：2021年8月第1版

印次：2021年8月北京第1次印刷

发行：新华书店北京发行所

开本：700mm × 1000mm　1/16

印张：7.25

字数：150千字

定价：50.00元

农事指南系列丛书编委会

本 书 编 委 会

主　　编： 陈　新　江苏省农业科学院　研究员

副 主 编： 袁星星　江苏省农业科学院　副研究员

薛晨晨　江苏省农业科学院　副研究员

张晓燕　江苏省农业科学院　副研究员

参编人员（按姓名音序排列）：

陈红霖　中国农业科学院作物科学研究所　副研究员

陈华涛　江苏省农业科学院　研究员

陈景斌　江苏省农业科学院　副研究员

崔晓艳　江苏省农业科学院　研究员

黄　璐　江苏省农业科学院　助理研究员

李　健　江苏省农业科学院　助理研究员

林　云　江苏省农业科学院　助理研究员

刘金洋　江苏省农业科学院　助理研究员

刘晓庆　江苏省农业科学院　副研究员

缪亚梅　江苏沿江地区农业科学研究所　研究员

沙　琴　江苏省农业科学院　助理研究员

王丽侠　中国农业科学院作物科学研究所　副研究员

王　琼　江苏省农业科学院　助理研究员

王素华　中国农业科学院作物科学研究所　副研究员
王学军　江苏沿江地区农业科学研究所　研究员
吴然然　江苏省农业科学院　助理研究员
闫　强　江苏省农业科学院　助理研究员
张红梅　江苏省农业科学院　副研究员

丛书序

习近平总书记在2020年中央农村工作会议上指出，全党务必充分认识新发展阶段做好“三农”工作的重要性和紧迫性，坚持把解决好“三农”问题作为全党工作重中之重，举全党全社会之力推动乡村振兴，促进农业高质高效、乡村宜居宜业、农民富裕富足。

“十四五”时期，是江苏认真贯彻落实习近平总书记视察江苏时“争当表率、争做示范、走在前列”的重要讲话指示精神、推动“强富美高”新江苏再出发的重要时期，也是全面实施乡村振兴战略、夯实农业农村现代化基础的关键阶段。农业现代化的关键在于农业科技现代化。江苏拥有丰富的农业科技资源，农业科技进步贡献率一直位居全国前列。江苏要在全国率先基本实现农业农村现代化，必须进一步发挥农业科技的支撑作用，加速将科技资源优势转化为产业发展优势。

江苏省农业科学院一直以来坚持以推进科技兴农为己任，始终坚持一手抓农业科技创新，一手抓农业科技服务，在农业科技战线上，开拓创新，担当作为，助力农业农村现代化建设。面对新时期新要求，江苏省农业科学院组织从事产业技术创新与服务的专家，梳理研究编写了农事指南系列丛书。这套丛书针对水稻、小麦、辣椒、生猪、草莓等江苏优势特色产业的实用技术进行梳理研究，每个产业提炼出100个技术问题，采用图文并茂和场景呈现的方式“一问一答”，让读者一看就懂、一学就会。

丛书的编写较好地处理了继承与发展、知识与技术、自创与引用、知识传播与科学普及的关系。丛书结构完整、内容丰富，理论知识与生产实践紧密结合，是一套具有科学性、实践性、趣味性和指导性的科普著作，相信会为江苏农业高质量发展和农业生产者科学素养提高、知识技能掌握提供很大帮助，为创新驱动发展战略实施和农业科技自立自强做出特殊贡献。

农业兴则基础牢，农村稳则天下安，农民富则国家盛。这套丛书的出版，标志着江苏省农业科学院初步走出了一条科技创新和科学普及相互促进、共同提高的科技事业发展新路子，必将为推动乡村振兴实施、促进农业高质高效发展发挥重要作用。

2020年12月25日

序

食用豆是指除大豆和花生以外，以收获籽粒为主，兼做蔬菜，供人类食用的豆类作物的统称。食用豆高蛋白质、低脂肪，药食同源，富含B族维生素、矿物质及多种生理活性物质，是人类理想的营养保健食品和食品加工优质原料；其秸秆营养丰富，是畜禽重要的植物蛋白来源；生育期短、适播期长、抗旱耐瘠，其根瘤具有共生固氮素作用。食用豆被誉为养人、养畜、养地的“三营养”作物，在改善人类膳食结构、促进农业种植业结构调整、推动乡村振兴战略实施等方面发挥着不可或缺的重要作用。

江苏是重要的食用豆生产省份，启东大红袍小豆、海门大白皮蚕豆、江浦永宁绿豆等是我国传统地方名品。近年来，随着农业供给侧结构性改革和消费者营养健康意识的增强，江苏食用豆产业发展优势越来越强。然而，在我国食用豆属于小宗作物，在品种改良、传统名优品种保护、规范化栽培技术研究、产后加工、示范推广等方面还存在着诸多问题，致使生产上优质高产专用新品种缺乏、传统出口品种混杂退化现象加重，影响了我国食用豆在国际市场上的竞争能力。如何科学普及食用豆、种好食用豆、合理开发食用豆是制约产业发展的核心问题。

2008年，农业部正式建立国家食用豆产业技术体系，在江苏设立了机械化收获、生物防治与综合防控两个岗位及南通综合试验站。在食用豆体系的统一安排下，岗位专家及其团队和基地科技人员经过10余年的努力，对江苏食用豆进行了全产业链研究和试验示范，明确了江苏及周边地区种植的主要食用豆种类，研究集成一系列适于本地区应用的高效轻简化栽培、绿色病虫害防控、机械化生产和产后加工技术，为江苏及周边地区食用豆产业发展提供技术保障。

为了宣传食用豆科学理念、普及食用豆先进技术，主创人员组织相关专家编写了《食用豆产业关键实用技术100问》。该书系统介绍了江苏及其周边省份主要食用豆类全产业链关键技术，突破了常规写作单一豆种或单项技术的写作方法，是一本不可多得的科普作品。该书写作所用生产技术采用平实语言，系统描述了一粒种子从播种到餐桌的生产过程，加上各类彩色素描，形象易懂，表现形式多样丰富，可为食用豆种植、管理、推广等领域技术人员和种植户提供可靠借鉴。

程新瑶

2021年1月

前　言

食用豆类是除大豆和花生外，以收获干籽粒为主的各种豆类作物的总称。我国食用豆类主要有绿豆、小豆、蚕豆、豌豆、菜豆、豇豆等，年种植面积约400万公顷，其中绿豆、小豆的年种植面积、总产量、出口量均居世界首位，菜豆则是我国出口创汇最多的农产品之一。食用豆类不仅高蛋白质、低脂肪，还富含生物活性物质，粮菜兼用、药食同源。食用豆类生育期短、适应广、抗逆性强，能固氮养地，是禾本科作物等的良好前茬和间作套种的首选，也是重要的填闲和救灾作物。近年来，随着国家粮豆轮作等相关政策的推动，食用豆类种植需求快速增长。

目前食用豆产业发展的主要瓶颈是高产、优质、多抗的新品种少，种植技术粗放，种植方式单一，产业化程度不够，缺乏机械化的栽培生产技术，且多是以原粮销售为主，缺乏对新品种的产后加工技术等。针对以上产业问题，各时期相关专家开展了大量研究、示范与推广工作，但由于食用豆种植规模小，且多集中于“老少边穷”地区，没有足够的技术推广人员，如何尽量快地把最新研究技术推广到农民手上，解决好科学技术“最后一公里”，摆脱科技生产“两张皮”是亟待解决的问题。

近十年来，国内不同地区、不同研究和推广部门陆续编写了一些有关食用豆品种选育、栽培技术及加工等方面的书籍，如中国农业科学院编写的《绿豆生产技术》、江苏省农业科学院编写的《绿豆红豆与黑豆生产配套技术手册》等，但这些书籍有的学术性较强，广大农民不容易读懂；有的书籍则由于知识结构未更新，已经很难指导现阶段的生产；更多的相关书籍是有关某一豆种的单个产业链阶段的生产技术，而缺乏对全部豆种全产业链的系统阐述和总结。

针对以上产业问题，在江苏省财政厅、江苏省农业科学院等相关部门的大力支持下，我们编写了《食用豆产业关键实用技术100问》，该书具有以下特点：

① 系统介绍了国内13种主要食用豆类，并对其农艺性状和品质特性进行了系统描述，为广大豆农和加工企业的分类准确应用奠定了品种基础。

② 全面分析了不同生态区的栽培技术模式与生态特点及产业需求，第一次对技术、模式等开展产业经济分析，为供给侧结构性改革提供了新选择。

③ 通过举例等形式科学分析了食用豆的营养成分，推介了食用豆加工新产品及加工技术，为食用豆产业提质增效提供良好技术支撑。

④ 通过40多幅现场拍摄的彩色图片，为读者进行田间识别提供良好依据。

本书以文字为主，辅以图片，直观对照生产实际，实用性强。根据生产者、加工企业等目标受众的需求和理解能力来组织科普内容和语言表述形式，把读者看得懂、用得上作为本书编写的基本原则，希望为食用豆产业的发展提供技术支撑。

由于编者水平有限，书中难免有不足之处，敬请读者批评指正。

编　者

2021年1月

目　录

第一章 总 论

1 什么是食用豆？

食用豆是当今人类栽培的三大类食用作物（禾谷类、食用豆类及薯类）之一，在农业生产和人民生活中占有重要地位。食用豆属于豆科（Leguminosae）蝶形花亚科（Papilionoideae）植物，多为一年生或越年生，指收获后以食用籽粒为主，兼作蔬菜供人类食用的各种豆类作物，不包含用来榨油（如大豆、花生）和专门用来播种（如车轴草、苜蓿）的豆科作物。食用豆包含多达数百个品种，常见的食用豆包括干豆类，如菜豆、蚕豆、鹰嘴豆、豌豆、绿豆、豇豆，以及几个扁豆品种。此外，还包括一些不太常见的豆类，如羽扇豆属（如白羽扇豆、南美羽扇豆）和班巴拉豆等。在中国栽培的食用豆类有20多种，主要包括绿豆、小豆、蚕豆、豌豆、豇豆、菜豆等（图1–1）。

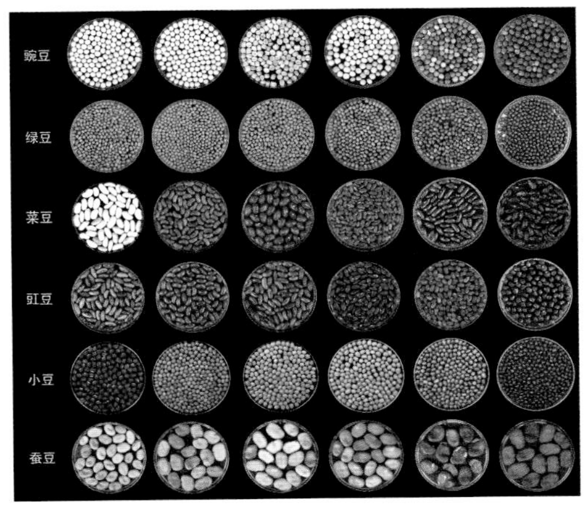

图1–1 丰富多彩的食用豆（张晓燕／摄）

食用豆在很多方面发挥着重要作用。经常吃食用豆有利于人体健康，因为它们含有丰富的蛋白质和矿物质，在人类营养平衡中起到重要作用。在许多发展中国家，特别是对有某些宗教信仰的人群和低收入人群而言，食用豆是重要的蛋白质和能量来源。在生产上，将食用豆纳入间作系统或将它们用作覆盖作物，可以通过根瘤菌的固氮作用和溶磷作用提高土壤肥力并减少对化肥的依赖，从而促进生产系统的可持续发展。食用豆的另一个重要作用是在豆类、禾谷类作物轮作中能够维持和最大限度地提高产量。在这种轮作生产中，前一茬豆类作物氮的残留可以提升随后播种的禾谷类作物的产量并增加其粗蛋白质的含量（罗娜，2016；郭永田，2014）。

2 世界上生产食用豆的主要地区和国家有哪些？

食用豆生育期短、播种适期长、适应性强，在世界多个国家和地区均有种植。发展中国家是食用豆的主要生产者，亚洲和非洲是食用豆的主要种植区，种植面积分别占世界总种植面积的53%和23%，此外美洲、欧洲和大洋洲也有种植。印度、缅甸、中国、澳大利亚，以及非洲的尼日利亚、埃塞俄比亚，美洲的加拿大、巴西、美国等是食用豆的生产大国，其食用豆总产量约占世界总产量的60%。印度是食用豆的最大生产国，也是最大的消费国、进口国。印度的食用豆产量占世界食用豆总产量的26%，位居世界第一；缅甸食用豆产量占世界食用豆总产量的8%，位居世界第二；中国是世界第三大食用豆生产国，产量占世界食用豆总产量的7%。除了豌豆以外的其他主要食用豆种类的生产都集中在发展中国家，中国生态条件复杂，又是作物起源中心之一，食用豆种类多，栽培历史悠久。

3 中国栽培的食用豆有哪些？

中国目前栽培的食用豆有蚕豆、豌豆、绿豆、小豆、豇豆、黑吉豆、菜豆、鹰嘴豆、四棱豆、小扁豆、藜豆、刀豆和利马豆等20多种，分属于14个属。可根据幼苗子叶出土方式和生长季节对食用豆进行分类。

根据出苗时子叶是否出土，可将食用豆分为子叶出土型和子叶留土型两类。子叶出土型包括绿豆、豇豆、利马豆、普通菜豆等；子叶留土型包括蚕豆、豌豆、小豆、饭豆、小扁豆、鹰嘴豆、木豆和多花菜豆等。

根据生长季节，可将食用豆分为冷季豆、暖季豆和热季豆三类。冷季豆包括蚕豆、豌豆、鹰嘴豆和小扁豆等；暖季豆包括小豆、利马豆、普通菜豆和多花菜豆等；热季豆包括绿豆、饭豆、豇豆和木豆等。

此外，根据对光周期的反应，可将食用豆分为长日性食用豆和短日性食用豆，长日性食用豆主要对应的是冷季豆，一般是当年播种翌年收获，而短日性食用豆对应的是暖季豆和热季豆，一般是当年播种当年收获（郭永田，2014；程须珍 等，2009）。

4 常见食用豆类营养特点？

食用豆富含营养物质，是典型的高蛋白质、低脂肪食物。

（1）蛋白质。食用豆是蛋白质的极好来源。按重量计算，食用豆的蛋白质含量为20%～25%，分别为小麦和大米中蛋白质含量的2倍和3倍。食用豆富含禾谷类蛋白质中缺乏的赖氨酸，如果将食用豆与禾谷类一起食用，可以使饮食中蛋白质的质量得到显著提高。由于食用豆不含谷蛋白，所以它们是乳糜泻患者的理想食品（傅翠真 等，1994）。

（2）脂肪。食用豆的脂肪含量低，一般在0.5%～2.5%，高者可达4%左右，而且不含反式脂肪酸和胆固醇。食用豆的脂肪酸以棕榈酸、硬脂酸、油酸、亚油酸和α-亚麻酸为主，其中亚油酸的含量较高。总体而言，不同食用豆主要脂肪酸含量差异较大，但不饱和脂肪酸含量均较高。例如，绿豆和小豆中棕榈酸的相对含量分别为24.46%和20.01%，α-亚麻酸分别为20.13%和27.86%，总不饱和脂肪酸分别为61.82%和69.28%（杨亚琴 等，2017）。

（3）糖类。食用豆中糖类含量为55%～70%，总膳食纤维含量为20%左右，是膳食纤维的重要来源。食用豆是低血糖指数食物，有利于降低糖尿病发生的风险。

（4）维生素和多种微量元素。豆类富含矿质元素（铁、镁、钾、磷、锌）和B族维生素（维生素B_1、维生素B_2、烟酸、维生素B_6和叶酸），这些都是确保健康所必不可少的。食用豆中铁和锌的含量高，对于易患贫血的妇女和儿童特别有益。食用豆可作为人体矿质元素的补充来源之一。有证据显示，豆类还含有抵抗癌症、糖尿病和心脏病的生物活性化合物。一些研究表明，经常食用豆类还有助于防控肥胖症（傅翠真 等，1991）。

（5）多肽、多酚和γ-氨基丁酸。豌豆多肽具有较强的自由基清除活力，对幽门螺杆菌具有较强的抗附着能力，还有降血脂、抗疲劳、预防癌症等生理活性。多酚是食用豆中一类具有抗氧化、抗肿瘤等保健功效的物质，豇豆、小豆、绿豆、蚕豆中总多酚类物质含量为10.38～11.86毫克/克，豇豆、小豆、绿豆、蚕豆等豆类中总黄酮类物质含量为5.83～6.66毫克/克。γ-氨基丁酸是豆类食品加工行业关注的热点，它是一种非蛋白质氨基酸，是哺乳动物中枢神经系统中重要的抑制性神经递质，具有降血压、抗惊厥、镇痛、改善脑机能、精神安定、促进长期记忆、促进生长激素分泌、肾功能活化、肝功能活化等作用（陈振 等，2014；田静，2019）。

5 如何做好五彩豆芽？

五彩豆芽是指不同种皮颜色的食用豆种子在一定条件下萌发后产生的可供食用的嫩芽、苗、茎等，是一种新型“活体蔬菜”。五彩豆芽具有新颖、营养丰富、清洁无污染、生产技术简单、生产周期短及不受季节和场地限制等特点。在栽培上具有投资少、成本低、见效快、经济效益高等特点，深受广大生产者青睐。

生产五彩豆芽对场地的要求不高，但需要具有一定的温度调控能力、清洁的水资源、通风设施和适宜的光照条件。栽培设施可因地制宜地选择，主要需要栽培架、栽培容器和浇水设备等，此外还需要紫外线消毒灯、温度计和湿度计等小型仪器设备。五彩豆芽的生产流程与常规豆芽的生产类似，包括选种、浸种、播种、催芽、出苗后管理、采收、采后储存及销售等。生产中要注意以下几点：首先，必须严格把关好种子质量，生产中要选择新鲜、饱满、发芽率高和不带病菌的种子，并要做好种子消毒工作；其次，为了防止栽培期间发生病害，栽培前必须对场地做好消毒工作；最后，出苗后要注意进行水分、温度、湿度和光照的管理，保证芽苗菜长势一致、产品质量标准统一（崔瑾，

2014；袁星星 等，2014）。

豆浆怎样喝有营养？

豆浆作为一种以大豆或食用豆为原料的营养丰富的传统植物蛋白饮料，深受我国消费者喜爱。豆浆含有丰富的蛋白质，此外还含有大豆异黄酮、卵磷脂以及一定量的钙、铁、磷、钾和B族维生素等，有益于人体健康。然而，豆类还含有微量的抗营养因子，如胰蛋白酶抑制剂、植酸和单宁等，过多摄入抗营养因子可能会影响营养素的吸收。制浆前对豆类原料进行浸泡、萌发、去皮、发酵和炒制等预处理可降低豆浆中的抗营养因子活性和含量，如炒制可降低胰蛋白酶抑制剂活性；萌发可降低植酸含量；浸泡可保证豆浆的高蛋白质含量和低沉淀率，浸泡时加入适量小苏打（碳酸氢钠）可有效降低胰蛋白酶抑制剂活性，进而较好地保持豆浆的品质（史海燕 等，2011；谷春梅 等，2019）。加热可使一些抗营养因子失活，因此，豆浆一定要煮熟后饮用。

第二章 绿豆篇

7 绿豆有哪些主要用途？

绿豆是典型的高蛋白质、低脂肪食物，具有药食同源的特性。绿豆作为食材可加工成多种产品，如粉丝、绿豆芽和绿豆汤等。此外，绿豆是重要的药用植物，中医认为绿豆具有清热解毒、消暑利水的功效。绿豆的医用价值主要体现在抗菌抑菌、降血脂、抗肿瘤和解毒等方面。

绿豆适应性广，抗逆性强，耐干旱、贫瘠和荫蔽。绿豆生育期短，并且具有共生固氮和培肥土壤的能力，适用于同多种作物间作、套作。绿豆可作填闲作物，适合与玉米、谷子和高粱等高秆作物间作或混作。绿豆的茎叶可作饲料和绿肥，经济价值较高。

8 绿豆的生长特性有哪些？

绿豆起源于温带和亚热带，属于短日照植物，但对光照的反应不敏感。绿豆喜温暖湿润的气候，耐高温，日平均温度30～36℃时生长旺盛，8～12℃时发芽，适宜其生长的温度为25～30℃。整个生育期所需有效积温为1600～2400℃，结荚后怕霜冻。0℃时，植株死亡。绿豆较耐旱、怕涝，地面积水2～3天，会造成绿豆植株死亡。绿豆对土壤要求不严格，以壤土或石灰性冲积土为宜，在红壤与黏壤中亦能生长。适宜其生长的土壤一般pH不能低于5.5。耐微酸和微碱。怕盐碱，在土壤含盐量为0.2%时能生长，但产量低，可作绿肥和饲料。

我国的绿豆优势产区主要分布在哪里？

绿豆在我国分布广泛，从黑龙江到台湾均有种植，其中主要产区分为以下几个。

东北春绿豆区：包括内蒙古东四盟（市）和吉林、黑龙江、辽宁等省，优势产区在内蒙古的突泉、扎鲁特、奈曼、敖汉等，吉林的洮南、镇赉、通榆等，黑龙江的泰来，以及辽宁的阜新、建平等。

长城沿线春绿豆区：包括河北北部、山西、陕西等地，优势产区在河北的阳原、蔚县等，山西的阳高、天镇、临县、兴县、保德等，陕西的横山、佳县、神木、府谷等，内蒙古的丰镇、凉城等。

北方夏绿豆区：包括河南、山东及河北南部、山西南部和陕西中部地区，优势产区在河南的唐河、社旗、镇平等，山东的菏泽，河北的井陉、平山、灵寿等，山西的南部地区，陕西的大荔以及渭北旱塬地区等。

南方夏绿豆：包括江苏、安徽、湖北、四川、重庆、贵州、广西等地区，优势产区在江苏南通、安徽明光等地区。

10 绿豆种植对土壤环境有什么要求？

绿豆虽然有一定的耐瘠性，但适合其生长发育的是中等肥力及以上地块。因此，应选择地势高、耕作层深厚、富含有机质、排灌方便、保水保肥能力好的地块种植。为了减少病虫害发生，切忌重茬迎茬或以大白菜、油菜、芝麻及豆类作物作前茬。一般在中等肥力的田块种植，沙壤、轻沙壤土均可，要求远离工厂以防止污染（一般直线距离在500米以上）。基肥一般可每亩*用25%的复合肥40千克或45%的复合肥30千克。如使用有机肥，一般亩施有机肥1500～2000千克，加碳酸氢铵25千克和过磷酸钙15千克即可。绿豆子叶大，顶土力较弱，整地要求深耕细耙，上虚下实，无坷垃，深浅一致，地平土碎。

---

* 亩为非法定计量单位，1亩=1/15公顷。——编者注

土壤通透性良好，利于根瘤菌发育和土壤微生物活动。整地要求早秋深耕，加厚活土层，早春顶凌耙地。

11 我国目前有哪些优良的绿豆品种？

绿豆品种繁多，种皮颜色也十分丰富（图2-1）。据不完全统计，目前已通过国家农作物品种审定委员会审定的绿豆品种有29个，通过有关省级农作物品种审定委员会审定的绿豆品种有130多个，其中在生产上有较大种植规模的品种有中绿1号、中绿2号、中绿5号、鄂绿2号、苏绿1号、豫绿2号、豫绿3号、豫绿4号、冀绿2号、冀绿7号、潍绿1号和潍绿4号等。根据种植区域可将绿豆品种分为三类：适宜东北及华北北部春播区种植的绿豆品种，适宜华北及西北等春、夏播种植的绿豆品种和适宜华东、华中及南方产区种植的绿豆品种。

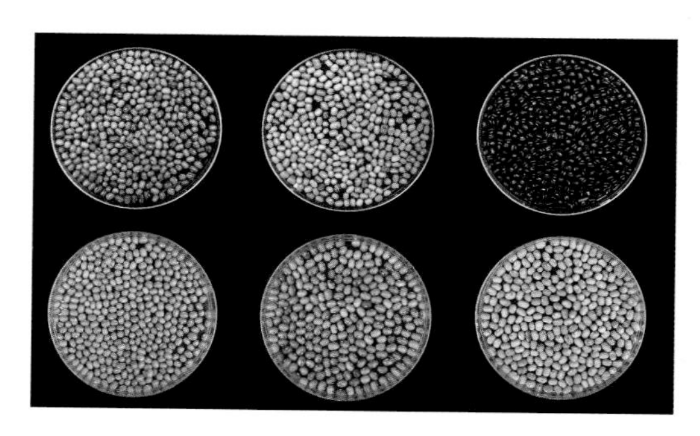

图2-1 丰富的绿豆种皮颜色（张晓燕／摄）

（1）适宜东北及华北北部春播区种植的绿豆品种。包括白绿6号、大鹦哥绿935、白绿8号、白绿9号、白绿11、吉绿3号、吉绿4号、吉绿7号、吉绿10号、绿丰5号、冀绿13、冀绿20等。

（2）适宜华北及西北等春、夏播种植的绿豆品种。包括中绿3号、中绿4号、中绿5号、中绿6号、中绿7号、中绿8号、中绿9号、中绿10号、中绿12、中绿13、冀绿7号、冀绿13、冀绿20、保绿942等。

（3）适宜华东、华中及南方产区种植的绿豆品种。包括中绿10号、中绿15、苏绿2号、苏绿4号、苏绿5号、苏绿6号、苏黑绿1号、潍绿7号、潍绿8号、潍绿9号、冀绿7号、冀黑绿12等。

12 绿豆有哪些营养成分?

绿豆营养价值较高，富含蛋白质、脂肪、糖类和多种维生素以及钙、磷、铁等微量元素。绿豆中的蛋白质主要是球蛋白，绿豆中甲硫氨酸、色氨酸、赖氨酸、亮氨酸和苏氨酸等人体必需氨基酸的含量较高。每100克绿豆籽粒含蛋白质22～25克，糖类58～60克，脂肪1.2～2.0克，粗纤维4.2克，钙49毫克，磷268毫克，铁3.2毫克，胡萝卜素0.22毫克，维生素B_2 0.12毫克，烟酸1.8毫克。绿豆的蛋白质含量分别为小麦、小米、玉米和大米的2.3、2.7、3.0和3.2倍。

13 如何生产绿豆芽?

绿豆芽具有口感爽脆、纤维少、清洁无污染、营养丰富等特点，有凉拌、炒、做汤等多种吃法，深受消费者青睐。绿豆芽生产具有投资少、成本低、周期短、经济回报率高等特点。在人们崇尚绿色、保健的今天，绿豆芽具有较大的市场潜力。生产场地方面，可选用闲置的房舍、大棚等。要求具有一定的温度调控能力和通风设施，且具备较好的供水和排水功能。为适应无土栽培的要求，栽培容器宜选用木桶或吸水透气性强的塑料育苗盘。栽培基质可采用吸水持水能力较强且用后残留物易处理的纸张或可重复再利用的白棉布、厚纱布等。此外，为达到能经常均匀地灌水的目的，还需有灌水用具，如喷雾器等。应选择品质优良，籽粒饱满的当年种子，依次进行清洗、浸种和催芽。浸种前要剔去虫蛀、破残、畸形种子和杂质。清选后的种子，淘洗1～2次，洗去尘土，使之洁净后即可进行浸种。浸种时间为4～6小时，以绿豆种皮已充分吸胀为准。栽培过程中要注意环境条件的管理，光照环境为黑暗或弱光；温度一般为20～25℃；每天进行4～5次喷淋，以保持较高的空气湿度；栽培过程中适当通风以防止烂根、烂脖或产生异味。绿豆芽以幼嫩的茎叶为产品，组织柔嫩，含水量高，较易萎蔫脱水，同时又要求保持较高的产品档次，因此必须及时采收上市。通常采取整桶或整盘集装运输进行活体销售。绿豆芽产品收获

上市的标准为：芽体色白，芽长8～10厘米，整齐，子叶未展或始展，无烂根、烂脖，无异味，茎柔嫩未纤维化。

14 绿豆的生长发育可分为哪几个阶段?

绿豆的生长发育可分为以下五个阶段。

（1）幼苗期。从出苗到分枝出现为幼苗期。绿豆适时播种后若土壤温度和水分等条件适宜，3～4天即可出土。若此时土壤表面板结，会影响绿豆出苗，故在播种后要注意使土壤表面疏松。绿豆幼苗期为15～20天。

（2）分枝期。从第一个分枝形成到第一朵花出现为分枝期。幼苗生长到一定阶段即出现分枝，分枝发生后花蕾逐渐形成。此阶段绿豆生长很快，需要有充足的光照、水分和养分。

（3）开花结荚期。绿豆是严格的闭花授粉植物，花张开前花粉已经落在柱头上，受精后子房迅速发育成果实，因此绿豆开花与结荚几乎同时进行。绿豆从第一朵花出现到有50%以上植株开花并见到小荚为开花结荚期。早熟、中熟和晚熟品种自出苗到开花分别需要35天、45～50天和50天以上。从花蕾膨大到开花需要3～4天，每朵花的开花时间为3～10小时。绿豆在开花结荚期生长旺盛，营养生长与生殖生长同时进行，这是决定绿豆品质与产量的关键时期，也是绿豆水肥需求的高峰期，此时为满足绿豆的需求，应保证足够的氮、磷、钾等营养元素的供应，同时土壤水分含量应达田间持水量的80%。

（4）鼓粒和成熟期。从绿豆籽粒开始灌浆到籽粒体积最大为鼓粒期。这期间应增强将光合产物向种子中输送的能力，提高灌浆速度。绿豆籽粒达到最大体积后含水率迅速下降，干物质含量达到最大值，同时胚的发育逐渐完成，荚皮变硬、荚皮颜色逐渐变成黑色或黄白色，此阶段为成熟期。为避免裂荚造成的损失，成熟后的豆荚应及时采收、脱粒、晒干入库。

（5）收摘后期。一般情况下，绿豆在第一批荚收摘后又有花荚出现，此阶段为收摘后期。如果温度、土壤养分合适，绿豆可连续收摘3～4次。此时期的管理应注意灌水、排水和根外追肥，以防根系老化和叶片衰老，从而增花保荚、提高产量。

15 怎样减少绿豆花荚脱落和增花保荚？

绿豆的花荚脱落包括落蕾、落花和落荚。一般落蕾数、落荚数和落花数分别占开花总数的1.2%～10%、15%～30%和50%～70%，总体上绿豆花荚脱落率可达55%～85%。落花落荚主要由外界不良条件引起，外界不良条件会导致绿豆植株生理活动失调，养分（尤其是糖分）不足。

减少绿豆花荚脱落和增花保荚可采取以下措施：第一，选用光合效率高、株形紧凑、半矮秆、早熟、耐肥和抗倒伏的品种；第二，肥料可以农家肥为主，配合施用磷肥，适量施加氮肥，这是增花保荚的物质基础；第三，合理密植，注意开花期灌水，实行间作或套作，改善通风透光条件；第四，适时播种，做好田间管理，喷施三碘苯甲酸等植物生长调节剂，必要时进行摘心，使更多养分输送到花荚。

16 怎样给绿豆施肥？

绿豆生育周期短，对肥料的需求比较集中，因此科学施肥是使绿豆获得高产的关键措施之一。绿豆施肥原则是足施基肥，巧施苗肥，重施花荚肥。基肥结合整地进行，每公顷施腐熟有机肥15000～22500千克、过磷酸钙225～300千克、尿素75～105千克；追肥应根据苗情进行，为避免影响根瘤菌发育，一般田块苗期不宜追施氮素化肥，铁茬抢播田块应根据苗情追施少量的速效氮肥或复合肥；开花结荚期是绿豆的需肥高峰期，为促花增荚，应在分枝期追施尿素75千克/公顷，另外在开花结荚期叶面喷施0.2%磷酸二氢钾和0.5%尿素混合液，有明显的增产效果。

17 绿豆主要轮作方式有哪些？

根据各地作物和生育季节长短的不同，绿豆的轮作方式可分为以下几种：

① 小麦—绿豆—小麦—玉米或谷子。

② 小麦—绿豆—小麦—绿豆或夏甘薯。

③ 小麦—绿豆—棉花—小麦—绿豆或谷子。

④ 小麦—绿豆—春甘薯—春玉米—小麦—绿豆。

⑤ 绿豆—玉米—小麦—绿豆—小麦—玉米。

⑥ 绿豆—谷子—小麦—玉米或绿豆。

18 如何安排绿豆的间作套种?

绿豆是补种、填闲和救荒的优良作物。它不仅能单作，也可与禾谷类作物、棉花、甘薯、烟草等作物间作套种，或种植于林木、果树、茶树行间。实践证明，绿豆与其他作物间作套种，可构成稳定的农田生态系统，充分利用时间、空间、光、热、水、土等自然资源。绿豆茎叶生长快，封垄早，能控制杂草生长，保存土壤水分。绿豆具有根瘤固氮的能力，且根还能吸收土壤中一些难以被其他作物吸收利用的磷、钾、钙元素，大量残根、落叶可丰富土壤有机质，不断提高土壤肥力、改善土壤结构，从而提高主栽作物的产量和品质，有效提高种植的综合效益。因此，绿豆的间作套种对抵御自然灾害、发展高效农业起着不可忽视的重要作用。绿豆的间作套种主要有以下几种模式：绿豆、夏玉米间作套种，绿豆、棉花间作套种高效种植，绿豆与禾谷类作物间作套种，绿豆、甘薯套种，绿豆、甘蔗间作套种丰产栽培，绿豆套种西瓜、复播白萝卜高效栽培，绿豆、辣椒间作套种，绿豆、烟草间作套种。

19 绿豆苗期田间管理有哪些主要环节?

绿豆苗期田间管理主要包括中耕除草、叶面追肥和病虫害防治三个环节。

（1）中耕除草。在绿豆出苗至开花前期，一般应根据土壤气候条件和田间杂草情况，进行1～2次机械中耕松土作业（趟地），可以铲除一部分杂草，疏松土壤。并结合机械中耕除草作业，根据土壤墒情和田间杂草情况，在杂草3～5片叶之前，选择适宜的除草剂及机械进行喷施。一定要严格按照使用说明的要求操作，避免在一个生长季节过量和重复使用同一类型的除草剂。

（2）叶面追肥。长势较弱的田块，在开花前期进行机械喷施叶面肥。一般叶面喷施0.4%磷酸二氢钾水溶液和含有镁、铁、锌、钼、硼等的多元微肥的水溶液，喷施用量为500～1000千克/公顷，增产效果较明显。

（3）病虫害防治。在绿豆出苗至开花期要注意绿豆根腐病、叶斑病和细菌性晕疫病等病害的预防与控制。一般要在发病初期提前喷施多菌灵、噁霉灵和农用链霉素等杀菌剂进行预防控制。开花前期要注意防治蚜虫、叶螨、地老虎等虫害。可采用吡虫啉、溴氰菊酯等农药防治。禁止使用高毒或高残留性农药。

20 南方地区遭受洪涝灾害后如何补种绿豆？

绿豆是一种生长期短的救灾作物。1993年7月中旬，江苏省发生特大洪水导致30余万亩田间作物受淹严重，而其中近20万亩全部补种了绿豆，当年每亩新收绿豆100千克左右，挽回损失5000万元。豆科作物的根瘤菌固氮作用也带来了很好的生态效益。1998年南方地区发生特大洪涝灾害时，绿豆等短季作物也充当了抗洪救灾的先锋作物。根据多年田间试验观察，在江苏以南的广大南方地区，绿豆播种的临界期在8月5—10日，即在这个时间以前播种合适的绿豆品种仍然能够正常收获绿豆种子，而不影响下茬油菜、小麦、蚕豆等冬季作物的种植，如想使绿豆成熟期提前和减少收获次数，可在田间60%绿豆荚成熟时均匀喷施40%乙烯利水剂150克/亩于绿豆植株上，一周后豆叶脱落，可进行一次性机械化收获。

田间农作物全部淹死或绝收时补种绿豆的具体栽培措施如下：

① **选用早熟品种。**一般可选用苏绿3号、中绿1号、鄂绿4号、冀绿7号、冀绿13、冀绿20等早熟品种。

② **及时抢早播种。**在田间积水排干、土壤湿度达到一定要求后，尽早播种。一般不要迟于8月10日，以免影响后茬作物种植。

③ **适当密植。**由于播期推迟和生长期较短等原因而导致个体分枝数不多，建议加大播种密度。一般亩播量1.5～2.0千克，播深3～4厘米，行距40～50厘米，株距10～20厘米，亩留苗1.3万～1.8万株。

④ **适当使用肥料。**苗期渍害较重田块，待田间积水排干后，每亩用尿素

5千克和钾肥7千克兑水根施。

其他管理措施同常规栽培。

21 绿豆垄作栽培技术要点有什么？

渍涝主要影响绿豆根系，为了养根护根，可采用绿豆高垄栽培技术，其要点如下。

（1）品种选择。选择根系发达、耐渍性较强、丰产潜力大、抗叶斑病的品种，如中绿5号、苏绿2号、冀绿7号等。

（2）重施基肥。绿豆起垄栽培后，追肥容易打破垄的结构，所以绿豆一生所需的肥料尽量以基肥的形式施入。基肥应以有机肥为主、化肥为辅，亩施腐熟有机肥1500～2000千克，施用化肥时必须注意化肥的施入量，由于垄作有利于使根系发达，进而使绿豆植株生长较旺盛，化肥一旦过多很容易造成旺长，使植株倒伏或不能正常进入生殖生长，最终影响产量。纯氮的施入量应根据土地肥力情况确定，一般亩施3～6千克，并加施过磷酸钙20千克、硫酸钾10千克作基肥，整个生育期原则上不再进行根系追肥。

（3）起垄播种。起垄的主要目的是防涝，另外还有增加耕层土壤厚度、提高土壤通透性等作用，因此绿豆在垄作时应根据土壤状况选择不同的垄作方式。通透性差的黏性土壤地块应选用单垄单行的播种方式，而通透性好、肥力较差的沙质土壤地块应选用一垄双行的宽垄播种方式。单垄单行，垄距50厘米，垄宽20厘米，垄高15厘米，垄上播1行绿豆，绿豆行距50厘米，株距15厘米；一垄双行，垄距1米，垄宽80厘米，垄高10厘米，垄上播2行绿豆，绿豆行距50厘米，株距15厘米。

（4）及时间定苗。由于垄作田的受光面积较平作田大，所以垄作绿豆田苗期土壤温度较平作田高，绿豆生长迅速，间定苗一旦不及时，很容易形成“高脚苗”，影响分枝的形成及植株的抗倒伏能力。因此，间定苗一定要及早、及时。1叶期间苗，2叶期定苗。对于苗期虫害发生较轻的田块，定苗可以在2叶期以前完成。

（5）化学控制。绿豆垄作栽培集中了肥、热资源，一旦雨量充足，绿豆的营养生长会加速进行，发生旺长的概率较大。因此，垄作绿豆，特别是土壤较肥沃的绿豆田，在雨水充足时必须进行化控，化控应在分枝期和现蕾期进行。分枝期亩用6%甲哌鎓可湿性粉剂1000倍液喷施，如植株已经出现旺长，基部节间较长，可间隔7～10天每亩用10%甲哌鎓可湿性粉剂1000倍液再喷1～2次。现蕾期可喷施7.5%多效唑可湿性粉剂2000倍液，加速绿豆向生殖生长转化。

22 怎样防治绿豆象？

绿豆有分期开花、成熟和第一批荚采摘后继续开花、结荚的习性。一般植株上有60%左右的荚成熟后，开始采摘，以后每隔6～8天采摘一次效果最好，产量也最高。收下的绿豆应及时晾晒、脱粒、清选，保存时重点注意绿豆象危害。绿豆象又名豆牛、豆猴，是绿豆的主要仓库害虫，被绿豆象侵染过的绿豆安全性和商品性显著降低。绿豆象成虫将卵散产于种子表面，孵化后幼虫蛀食种子，10～17天化蛹，蛹4～5天羽化成虫。成虫寿命一般5～20天，第2～4天产卵量最大。一年发生四五代，在24～30℃时繁殖最快，10℃以下停止发育。绿豆象引起的危害可使种子重量降低三成左右，且使种子质量很差，严重时，整个仓内遭受毁灭性危害，损失巨大。绿豆象田间防治主要在现蕾和开花中期进行，可用5%增效氰戊·马拉松粉剂600～800倍液，或使用50%敌敌畏乳油1200倍液喷雾防治两次。田间防治效果较差，保存时比较实用的防治方法有，草木灰覆盖法（将草木灰覆盖在贮藏的绿豆种子表面，可以防止外来绿豆象成虫在种子表面产卵）、低温杀虫法（-5℃以下放15天时间）、沸水防治法（将绿豆种子放入沸水中15～20秒，然后迅速捞出晾晒干，能杀死所有成虫）、磷化铝熏蒸（仓库封闭后用磷化铝熏蒸5天，注意如作种子用，熏蒸时仓库内温度不能超过36℃，否则会降低种子发芽率）等。

23 怎样防治绿豆叶斑病？

叶斑病是绿豆重要病害之一，广泛发生于各个绿豆产区，其中以华北及南

方地区发生较严重。绿豆叶斑病由尾孢菌属的多个种引起，主要危害叶片，导致叶片枯萎和脱落，植株早衰，严重时也危害分枝和豆荚（图2-2）。病害在植株的整个生育期均可以发生，但东北、华北及中南部地区一般在绿豆开花、结荚期严重发生，而广西南宁夏播绿豆在苗期即可严重发生。一般造成绿豆减产23%～47%，病害严重时减产达80%以上。

图2-2 绿豆叶斑病危害症状（薛晨晨 提供）

防治方法：选用抗叶斑病绿豆品种，留种时选择无病株留种，选播无病种子。适当减小种植密度和加宽行距，可减少田间湿度从而减轻病害的发生。此外，播种后覆盖稻草、麦秆等，减少土壤病残体中病原菌产生的分生孢子的初次侵染。可与高秆的禾本科作物间作，阻挡病原菌的传播。此外发病初期可喷洒75%多菌灵可湿性粉剂600倍液、75%代森锰锌可湿性粉剂600倍液2～3次。

24 麦茬绿豆高产栽培关键技术措施有哪些？

在中国，夏播绿豆以麦后复播为主。麦茬绿豆生长于一年中温度最高、雨水最充沛的时期，作物生长较快，病虫害也最活跃，应加强田间管理，以提高绿豆产量和品质。其关键栽培技术如下：

（1）选择适宜的地块与品种。应选择排水方便的地块种植，避免田间积水。应选择株形直立紧凑、主茎粗壮、根系发达、抗倒伏、分枝力强、抗叶斑病、籽粒商品性好的早中熟品种，如中绿1号、中绿2号、冀绿7号、冀绿19等。

（2）播前准备。播前准备包括选种、晒种和拌种。选种主要是剔除病粒、虫粒、烂粒和霉变粒，做到一播保全苗。

（3）合理整地、合理密植。麦茬绿豆播种宜早不宜迟，麦收后如能整地效果最好；若来不及整地可铁茬抢播，遇旱应适当增加播种深度，播后镇压。播期尽量赶在6月底以前。应根据品种、播期、水肥条件和管理水平确定种植密度。

25 绿豆有哪些常见的杂草综合防除技术?

常见的绿豆杂草综合防除技术包括农业防除、机械防除和化学除草。

（1）农业防除。农业防除措施包括轮作、选种、施用腐熟的有机肥、清除田边和路边杂草以及合理密植等。科学的轮作倒茬可改变生境，减轻杂草的危害。播种前清除种子中混有的杂草种子是经济有效的杂草防治方法。腐熟的有机肥经过50～70℃的高温处理，可闷死或烧死混杂在肥料中的杂草种子。清除农田周边杂草可防止杂草向田内扩散。合理密植能加速作物的封行进程，利用作物自身优势抑制杂草生长。

（2）机械防除。利用各种农业机械消灭田间杂草的方法主要有两种。一是深翻。深翻是防止多年生和越冬杂草（如芦苇、苣荬菜）的有效措施之一。二是播前耙地或苗期中耕。这是疏松土壤、提高地温和消灭杂草的重要方法之一。

（3）化学除草。化学除草具有灭草及时、见效快、效果好、有利于增产、节省劳动力和提高生产效率等特点。目前已经筛选出一批安全高效的绿豆除草剂，如播前使用的氟乐灵，播后苗前使用的精异丙甲草胺（金都尔），苗后使用的精喹•氟磺胺、乙草胺、异丙草胺等。它们可防除一年生禾本科杂草和一年生小粒种子繁殖的阔叶杂草（如藜、菟丝子等）。需要注意的是，使用化学除草剂时应严格按照说明书规定的使用方法和使用量来执行。

26 如何缓解绿豆除草剂药害?

将腐殖酸叶面肥进行稀释（一般稀释800倍，根据使用说明进行适当调整）后叶面均匀喷施1～2次，或使用碧护、芸薹素内酯等叶面喷施2～3次，可有效缓解药害。

27 绿豆地膜覆盖的关键栽培技术有哪些?

在长城沿线春播绿豆区，绿豆常种植在土壤贫瘠的旱、寒土地上，地膜覆盖栽培具有提高地温、增加积温、保墒蓄水、抑制杂草生长等优点。在高寒区，绿豆地膜覆盖高产栽培技术能有效提高绿豆生长期的地面温度和土壤湿度，具有省工省时、节本增效、培育壮苗和提高产量的特点。绿豆地膜覆盖的关键栽培技术有：① 选择地块、合理倒茬；② 精细整地、合理施用基肥；③ 正确覆膜；④ 选用良种，适时播种；⑤ 加强田间管理。

28 怎样贮藏绿豆?

绿豆收获后应及时晒干、脱粒，入库保存，并要注意防止绿豆象危害。绿豆象是一种世界性分布的仓库害虫。绿豆象危害猖獗，使仓储绿豆的安全性和商品性明显降低，经济损失惨重。它的危害方式主要有：以幼虫潜伏在豆粒内部蛀食种子；在仓库的绿豆中反复产卵繁殖；飞到田间的豆荚上产卵后随收获的绿豆种子回到仓库，一年内繁殖数代，交叉侵染。居民储存于家中的绿豆如不及时采取防治措施也常遭受绿豆象的危害。绿豆象的危害率可高达80%以上，凡被其侵害过的绿豆，基本不能食用（图2-3）。可使用磷化铝熏蒸法防治，每50千克绿豆使用1～2片磷化铝片，或者使用5～10粒磷化铝丸剂（颗粒）。熏蒸时间视库温而定，10～16℃不少于7天，16～25℃不少于4天，25℃以上不少于3天。熏蒸完毕后，采用自然或机械通风，充分散气1周以上，排净毒气。低温防治方法（即冷冻法）也可有效防控绿豆象，-5～0℃商业冷库放置30天，或-10℃商业冷库放置10天，即可完全消除绿豆象。

图2-3　绿豆象危害绿豆（张晓燕／摄）

29 绿豆具有什么功效?

中医认为，绿豆性味甘、凉，入心、胃经，有清热解暑，利尿通淋，解毒消肿之功；适用于热病烦渴、疮痈肿毒及各种中毒等，为夏日解暑除烦、清热生津佳品。《本草纲目》言其“治痘毒，利肿胀，为食中要药；解金石、砒霜、草木一切诸毒”。药理学分析表明，绿豆种子和水煎液体中含有生物碱、香豆素和植物甾醇等生物活性物质，对人体的生理代谢活动具有促进作用。在有毒因素影响环境下工作或接触有毒物质的人群，可经常食用绿豆来解毒健体。绿豆中的钙、磷等可以补充营养，增强体质（程须珍，2016a）。

第三章 蚕豆篇

如何根据生产选用蚕豆品种？

选用蚕豆品种时应注意以下几方面。

（1）生态型相近原则。蚕豆生产区域性强，根据种植区域类型，可分为南方秋冬蚕豆区、北方春蚕豆区。一般情况下，秋播区不能选用春播型品种，否则春播型蚕豆品种苗期越冬易冻伤、冻死，生育期延长，花而不实，后期高温逼熟，甚至不能正常成熟；相反，春播区选用秋播品种表现早熟，营养体生长势弱，难以高产。早秋播种的区域选用晚秋类型的品种，也常表现为生育期延长，不能正常成熟，籽粒百粒重和饱满度降低；相反，晚秋播种的区域选用早秋类型的品种，表现为苗期冻害重、生育期缩短、早花，前期花不结荚，后期花能正常结荚成熟，但籽粒百粒重和饱满度降低、病害增加。因此，应选用本地适宜品种，或引种前进行生态适应性鉴定，或选用近似生态区的品种。

（2）按生产用途进行选择。可按生产需求选择鲜食、粒用、饲用和绿肥等不同用途品种。鲜食品种主要包括适合鲜荚上市销售或鲜籽速冻加工的口感较好的鲜食专用品种；粒用品种以收获干籽粒粮用为主；饲用品种主要将秸秆和籽粒混收粉碎作为猪牛羊的饲料；绿肥主品种要收获青秸秆还田。根据消费者和加工企业要求选择适宜的品种，市场鲜销或速冻加工选用不同鲜籽粒大小、粒形、粒色和荚形的品种；饲用生产要求粗蛋白含量高，单宁含量低，干籽粒和生物产量高；绿肥生产最好用晚熟且高生物产量的类型。

（3）根据栽培条件选择。主要是指根据供水条件、土壤肥力、病虫害发生情况以及设施栽培等选择品种。

31 蚕豆春化主要环节是什么？

蚕豆春化是指蚕豆生长过程中，需要通过一定的低温环境完成花芽分化和形成的生育进程。人为模拟自然低温进行蚕豆春化以完成花芽分化形成的过程，称为人工春化；人工春化一般可采取苗春化和芽春化两种方式。

蚕豆春化主要环节包括品种选择、种子预处理、浸种催芽（或育苗）、人工低温春化等环节。在蚕豆萌动后花芽的分化形成过程中需要通过一定时间的低温条件完成花芽的分化形成。不同品种通过春化的温度和时间是有差异。冬蚕豆的春性较春蚕豆强，与春蚕豆相比，需要的春化温度低、时间长。蚕豆春化处理的关键环节就是根据品种选择适宜的低温处理温度和时间。

32 蚕豆落花落荚的原因是什么？

（1）气候影响。受低温或阴雨天气影响，蚕豆花粉发育不良，直接影响到授粉，受精不良，导致落花落荚。蚕豆进入花芽期后就需要有较高的温度，一般花期最适温度为16～20℃，但超过27℃授粉就不良；结荚期的最适温度16～22℃，这时蚕豆对低温的反应最敏感，平均气温在10℃以下时，花朵开放很少，13℃以上时，开花增多。

（2）缺素或施肥过量。缺素和施肥过量均可引起落花落荚。在蚕豆营养生长期，缺乏氮、磷、钾以及硼等元素会造成营养不良，从而导致落花落荚；氮肥施用过量会出现徒长、茎高叶密、通风和透光性极差等状况，也会导致落花落荚。

（3）土壤积水或干旱。土壤长期积水或者湿度较大，会导致土壤通透性较差，根系生长受阻，缺乏氧气，不能正常输送养分和水分，出现落花落荚，甚至导致正常植株死亡。同时，开花结荚期如果土壤水分不足或遭受干旱，会使蚕豆授粉不良或授粉后败育，造成大量花荚脱落或秕粒多而导致减产。

33 蚕豆的主要栽培模式有哪些？

蚕豆的主要栽培模式有露地栽培和大棚设施栽培两种。

（1）露地栽培。一般以旱地间作套种为主，如南通地区主要的高效种植模式有蚕豆/西瓜/夏玉米—秋玉米//秋大豆、鲜食蚕豆/春玉米+大豆—秋玉米/秋大豆、鲜食蚕豆/春玉米—夏（秋）大豆/秋玉米、蚕豆+冬菜/春玉米—鲜食大豆、鲜食蚕豆—鲜食大豆—秋豌豆、鲜食蚕豆/鲜食玉米—鲜食大豆、蚕豆+冬菜/春玉米—夏（秋）大豆/秋玉米、蚕豆+冬菜/芋头—小麦等*。

（2）设施栽培。一般以大棚春化蚕豆栽培为主，单棚春化蚕豆一般在3月下旬均匀上市，并取得较高的经济效益。

34 蚕豆全程机械化生产过程是怎样的？

蚕豆全程机械化生产主要包括：机械化耕整地（图3-1）、机械化播种（免耕播种）（图3-2、图3-3）、机械化/无人机植保（图3-4、图3-5）和机械化收获（图3-6）。

（1）机械化耕整地。机械化耕整地是指翻土、松土、杂草掩埋等作业过程,而机械化整地主要包括耕后播前对土壤表层进行的松碎、平整、起垄、开沟、镇压等作业。

（2）机械化播种。播种是指将蚕豆种子均匀地播入到一定深度的土壤里，使种子在田间具有确定的播深、行距和株距。蚕豆因籽粒大、粒型不规则，对播种机械有一定要求，选择适宜的排种器具是首要条件，同时选用粒型大小较一致且饱满的蚕豆品种，更便于机械化播种。

（3）机械化/无人机植保。机械化植保技术主要指蚕豆病虫草害的机械化防治技术，目前蚕豆施追肥和植保机具较为完善，自走式无人机械施肥喷药或

---

* 此处“/”表示套作，“//”表示或者，“+”表示两种作物同时种，“—”表示轮作。

无人机喷药等均可完成，航空（无人机）植保机械作业效率高，是目前行业中发展较快的技术。

（4）机械化联合收获。蚕豆联合收获是指同时完成蚕豆籽粒收割、脱粒、分离和清选等各项作业的过程，具有效率高、收获质量好的特点。选用抗病、抗倒伏、秆青荚枯的优良蚕豆品种更适合机械化收获。目前青荚采收机具有待进一步研究。

图 3-1　机械化耕整地

图 3-2　机械化耕后播种

图 3-3　机械化免耕播种

图 3-4　机械喷杆植保机

图 3-5　无人机植保

图 3-6　机械化联合收获

35 如何防治蚕豆赤斑病?

蚕豆赤斑病广泛发生在我国各蚕豆种植区，是长江流域和东南沿海地区蚕豆生产中最重要的病害之一。病害严重发生时，会造成植株叶片脱落，甚至植株枯死，导致产量减少50%～70%。

（1）病害症状及发病条件。蚕豆赤斑病在蚕豆全生育期都可侵染蚕豆。主要危害叶片，也侵染茎、花和豆荚（图3-7）。在叶片上，发病初期会产生红褐色小点，后扩大成圆形或椭圆形病斑，病斑中心棕褐色，边缘红褐色，直径2～4毫米；茎部病斑初为红色小点，后纵向扩展成条斑，长达数厘米，表皮破裂后形成裂痕；花器被侵染后，遍生棕褐色小点，严重时花冠变褐枯腐；病菌可以穿过荚皮并侵染种子，使种皮上产生红色病斑。

图3-7 蚕豆赤斑病危害症状

在南方，病菌在秋末冬初侵染秋播蚕豆，在病株上越冬。在适宜条件下，病斑上会产生大量分生孢子并借风雨传播侵染。当遇阴雨连绵天气时，病斑迅速扩大并相连成片，导致叶片变黑死亡并脱落，3～4天全株枯死。剖开枯死茎部，可见黑色菌核。田间温度和湿度对赤斑病发生影响极大。病菌侵染适温为20℃；空气湿度达到饱和或寄主组织表面有水膜是病菌孢子萌发和侵染的必要条件。蚕豆进入开花期后，植株抗病力减弱，易被侵染并发病。秋播过早，常导致冬前发病重。田间植株密度高、排水不良、土壤缺素等都会导致赤斑病发生。连作地块由于土壤中病菌积累而发病更重。

（2）防治方法。

① 种植抗病品种。选用健康种子，进行种子处理。

② 栽培防治。采用高畦深沟栽培方式；适当密植；控制氮肥，增施草木灰和磷钾肥，增强植株抗病力；与禾本科作物轮作2年以上；田间收获后及时清除病残体，深埋或烧毁。

③ 药剂防治。用种子重量0.3%的50%多菌灵可湿性粉剂拌种能够控制早期病害。发病初期喷施80%代森锰锌可湿性粉剂600～800倍液、75%百菌清可湿性粉剂600～800倍液。视病情发展情况，隔7～10天再喷施1次药，连续防治2～3次。

36 如何防治蚕豆褐斑病？

蚕豆褐斑病在我国各蚕豆种植区均有发生，是蚕豆生产中常见的病害之一。

（1）病害症状。蚕豆褐斑病侵染蚕豆的叶、茎和豆荚（图3-8）。叶部症状初为圆形或椭圆形病斑，略凹陷，深褐色；病斑逐渐扩展，形成中央灰褐色、边缘红褐色的病斑，其上产生以同心圆方式排列的小的黑色分生孢子器。

图3-8 蚕豆褐斑病的田间症状

随着病情发展，一些病斑逐渐相连而成为大型不规则的黑色斑块；湿度大时，发病部位破裂、穿孔或枯死。

（2）防治方法。

① 栽培防治。与禾本科等非豆科作物轮作；适时播种，高畦栽培，适当密植，合理施肥，增施钾肥，提高植株抗病力；收获后及时清除田间植株病残体，将其深埋或烧毁；播种前，清除田间及地边的自生苗。

② 选用抗病品种，或选用健康无病种子。精选种子，去除病粒；播种前进行种子处理，如温汤浸种、杀菌剂拌种或进行种子包衣处理。

③ 药剂防治。发病初期喷施80%代森锰锌可湿性粉剂600～800倍液，70%甲基硫菌灵可湿性粉剂500～600倍液，75%百菌清可湿性粉剂500～800倍液等。病情严重时，隔7～10天再喷1次。

37 如何防治蚕豆霜霉病？

蚕豆霜霉病是我国长江流域种植区蚕豆生产中常见的病害之一，主要危害叶片。

（1）病害症状。叶片染病首先在上表面出现轮廓不明显的淡黄色斑块，同时在变色区域内夹杂褐色的小斑点和不规则的斑块。叶片变色部分逐渐扩大，有时可达整个叶面。在叶片变色区域的背面，在潮湿条件下产生浅紫色绒毛状霉层，即孢囊梗和孢子囊。随着病情发生，病斑逐渐变为深褐色，最后干枯。顶部幼叶被侵染，病斑快速扩大，导致整个叶片被侵染，有时顶部的所有叶片和叶柄都被侵染，最后变为深褐色并枯死。严重流行时可导致大量植株顶端枯死，造成较大产量损失（图3-9）。

（2）防治方法。

① 选用抗病品种。

② 使用无病种子或进行种子消毒。可用25%甲霜灵可湿性粉剂以种子重量的0.3%进行拌种。

③ 与非寄主作物实行轮作，减少初次侵染源密度。收获后及时清除病残体，集中烧毁，耕翻土地。及时摘除下部2～3片叶，清除病叶、老叶；加强栽培管理，合理密植，降低田间湿度。

④ **药剂防治。**发病初期喷施53%甲霜灵可湿性粉剂500～600倍液、58%甲霜·锰锌可湿性粉剂500～600倍液；25%嘧菌酯悬浮剂1200～1500倍液等。

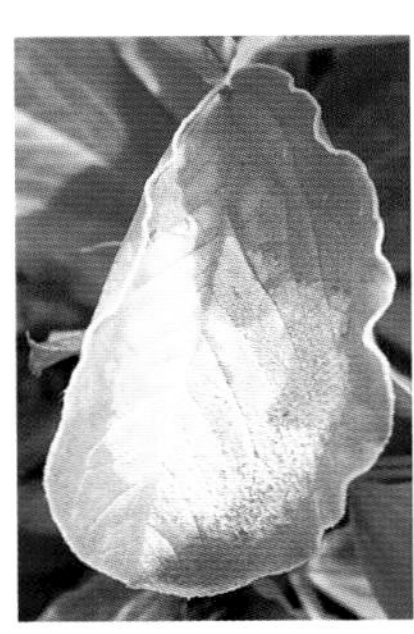

图3-9 蚕豆霜霉病田间症状

38 如何防治蚕豆锈病？

蚕豆锈病主要发生在我国西南蚕豆种植区，是最重要的蚕豆病害，在长江中下游地区时有发生。病菌在叶片上产生大量孢子堆，损耗营养，造成植株早衰、减产。

（1）病害症状。蚕豆锈病主要危害叶和茎。初期仅在叶两面生淡黄色小斑点，直径约1毫米，后颜色逐渐加深，呈黄褐色或锈褐色，斑点扩大并隆起，形成夏孢子堆（图3-10）。夏孢子堆破裂飞散出黄褐色的夏孢子，后产生

图3-10 蚕豆锈病的田间症状

新的夏孢子堆，夏孢子扩大蔓延，发病严重的整个叶片或茎都被夏孢子堆布满，到后期叶和茎上的夏孢子堆逐渐形成深褐色椭圆形或不规则形冬孢子堆，其表皮破裂后向左右两面卷曲，散发出黑色的粉末即冬孢子。

（2）防治方法。

① 因地制宜，选择适宜的播种期，防止冬前发病，减少病原基数，生育后期避过锈病盛发期。

② 选用早熟品种，在锈病大发生前可收获或接近成熟。

③ 合理密植，高垄栽培，及时排水，降低田间湿度。

④ 关于种植抗病品种，我国已筛选出一些抗病资源，如云南的96–99和9584–l–l为高抗；江苏的启豆2号（H0280）为抗病。

⑤ 发病初期开始喷洒25%三唑酮可湿性粉剂1000～1500倍液、325克/升苯甲·嘧菌酯悬浮剂1500～2000倍液等，隔7～10天1次，连续防治2～3次。

39 低温冻害蚕豆的管理措施有哪些？

（1）培养壮苗。适期播种，培育壮苗，增强抵抗低温冻害能力。

（2）摘除冻枝，促分枝。对主茎（东南沿海地区正常年份均受冻害）和已经受冻或受损的早发分枝（一般分枝叶片在5片以上易受冻害影响），冻害发生后应在晴天及时摘除，以促进后发小分枝生长，弥补冻害损失，切忌在雨天摘除，以免造成伤口腐烂。摘除主茎和分枝应带移田外，以预防田间病害发生。

（3）抓施灰肥，补施速效肥。蚕豆受冻后，早发大分枝和根系受到损伤，必须及时补充养分，促进后发小分枝的迅速生长。结合中耕松土并壅根，抓施灰肥可提高土温和增加土壤通气性。同时视受灾情况，要适当追施速效肥料，每亩可在气温回升前追施5千克左右尿素和3千克左右氯化钾或者根外喷施磷酸二氢钾1～2千克，以增加细胞质浓度，增强植株的抗寒能力，促进生长。

40 如何提高蚕豆结荚率和单荚重？

（1）适宜密度。适宜密度和适当株形可增加蚕豆的通风透光性，如密度过大，易造成相互遮阴光照不足，病虫害加重，结荚率低；密度小虽然个体发育良好，但群体不足也不能获得高产。

（2）整枝。蚕豆植株生长旺盛，分枝较多，在生产过程中一般主茎结荚很少而且易衰老，主要靠分枝结荚。开春后当蚕豆进入返青期时即可去除病枝弱枝，每株留4～6个分枝。结荚初期要打顶疏花，每个分枝留4～5个果荚，可提高坐果率及单荚重。整枝摘心要在晴天进行，以利于伤口愈合。

（3）科学施肥。现在的育成蚕豆品种一般株形大，生长旺盛，比以前的地方品种需肥量略多。在肥水管理上应根据品种的生育特性合理施肥。基肥：以氮、磷、钾肥为主，一般每亩施磷肥5千克或复合肥30千克作基肥。在蚕豆返青时，亩施磷酸二氨20千克左右，促早生长。花荚期为蚕豆需肥最多的时期，可在初花期每亩施三元复合肥20千克，有利于促进蚕豆高产和提高品质（缺硼的地区，在初花期每亩叶面喷施0.2%硼砂、0.3%磷酸二氢钾和1%尿素混合液30～40千克，利用提高蚕豆结荚率）。

41 如何防治蚕豆象？

蚕豆象隶属鞘翅目豆象科。主要危害蚕豆，可造成20%～30%的产量损失。另外，还危害野豌豆、山黧豆、兵豆、鹰嘴豆、羽扇豆等，是豆类的主要害虫之一。该虫原产于欧洲，在北美洲的美国、加拿大，非洲的阿尔及利亚、埃及、摩洛哥，欧洲的英国，亚洲的中国等均有分布。蚕豆象在我国的扩散途径主要是交通运输和人为携带。其传播与定殖会给农业生产造成严重的经济损失，还会给生态系统带来巨大的危害。

（1）低温冷冻除虫。多数贮粮害虫在0℃以下保持一定时间可被冻死。北方冬季，气温达到-10℃以下时，将贮粮摊开，一般7～10厘米厚，经12小时冷冻后，即可杀死贮粮内的害虫。如果达不到-10℃，冷冻的时间需延长。冷冻的粮食需趁冷密闭贮存。

（2）仓储药剂防治。磷化铝是一种高毒杀虫剂。杀虫效果高，使用方便。但必须按照操作要求使用。首先将蚕豆晒干，达到规定贮粮含水量标准（一般在12%左右）。贮粮容器在处理前，除留一施药口外，其余都必须做好密闭工作。有缝隙的容器，要在缝隙处用废报纸糊2～3层，先窄后宽。使用折子或地龙的要用不破无洞的塑料薄膜把四周及底层扎好，不可漏气。施药前准备好100厘米²大小的布片若干块，带色塑料绳，以及施药后封口用的糨糊、废报纸、扎口的绳子等。

施药时选择晴天，按每200～300千克粮食用磷化铝1片（3.3克/片）的用量，打开磷化铝瓶盖，取药，盖好瓶盖，迅速用布片将药分片包好，立即将药包埋入蚕豆中，并将有色塑料绳的一端留在粮面上，以便散气后取出药包处理。只用一包药的，即将药包埋在蚕豆堆或袋中间，多药包时，则应均匀分点埋入，蚕豆堆高度在2米以上的，要采取蚕豆堆面施药与蚕豆堆中埋藏药相结合。投药后立即做好容器的密封工作，蚕豆堆数量较大的，蚕豆面上部与薄膜间应留出10厘米的空隙，以利于磷化铝的分解和利用。

（3）田间药剂防治。在蚕豆初花期进行田间药剂防治，可喷施菊酯类农药进行防除，7～10天后再防治1次。

42 蚕豆怎样与其他作物轮作、间作、套种？

（1）轮作。轮作是用地养地相结合的一种措施，不仅有利于均衡利用土壤养分和防治病虫草害，还能有效地改善土壤的理化性状，调节土壤肥力。蚕豆是连作障碍明显的作物，忌连作，宜轮作。我国南方稻区蚕豆种植轮作方式是蚕豆与水稻轮作。我国西北部高寒地区的青海、宁夏、甘肃等为一年一熟，轮作方式主要是蚕豆—小麦—青稞或者蚕豆—小麦—玉米三年一轮。

（2）间作、套种。间作套种是我国农民的传统种植方式，也是农业上的一项增产措施。间作套种能够合理配置作物群体，使作物高矮成层，相间成行，有利于改善作物的通风透光条件，提高光能利用率，充分发挥边行优势的增产作用。在我国南方，蚕豆与小麦、大麦、油菜、蚕桑等进行间作、套种比较常见，在我国北方蚕豆与马铃薯等进行间作、套种较为普遍。最常见的间作套种模式是蚕豆跟小麦、玉米等禾本科进行间作、套种。

①蚕豆小麦间作。小麦、蚕豆种间互作能促进氮和磷从蚕豆向小麦转移、提高土壤微生物群落多样性，抑制蚕豆枯萎病的发生，显著增加小麦产量。蚕豆跟小麦间作时，可等行距间作或者宽窄行间作，若以蚕豆为主，则蚕豆行多于小麦行，如蚕豆种4行，小麦种2行，若以小麦为主，则小麦行多于蚕豆行，

如蚕豆种2行，小麦种4行。

② **蚕豆套种玉米。**蚕豆套种玉米种植体系中，玉米与蚕豆根系相互作用增强了蚕豆结瘤固氮作用，提高了玉米磷吸收量，使蚕豆、玉米产量都增加。蚕豆套种玉米种植模式在我国长江流域及南方各省被广泛采用。一般畦宽2米左右，畦两边种植蚕豆2行，行距70厘米左右，蚕豆宽行间翌年4月中上旬播种或移栽玉米，玉米行距40厘米左右。

43 蚕豆在各生育期的养分需求和施肥方法是怎样的？

（1）蚕豆各生育期的养分需求。蚕豆是需肥较多的作物。蚕豆不同生育期对养分吸收不同，前期较少，开花结荚期吸收最多，生产100千克籽粒，约吸收氮7.8千克、磷3.4千克、钾8.8千克。

① **幼苗生长期。**此阶段蚕豆生长缓慢，对氮、磷、钾的需求量较少。蚕豆幼苗根瘤处于萌发期，个体小，数量少，固氮能力差，磷肥能促进根瘤菌的活力，可以形成更多的根瘤，增强固氮作用。

② **现蕾分枝期。**在这一阶段蚕豆的根、茎、叶生长旺盛，早期分枝开始现蕾，在后期分枝大量形成。在分枝期蚕豆表现为营养生长和生殖生长同步形成。此阶段蚕豆对氮、磷、钾的需求量逐渐增加。

③ **开花结荚期。**这一时期为蚕豆生产的关键时期，这一阶段吸收的氮素约占全生育期吸收总量的48%，磷约占60%，钾约占46%。这一时期氮、磷、钾等若供给不足会严重影响蚕豆产量。

④ **种子成熟期。**蚕豆自然脱落，豆荚和种子会逐渐变成黑褐色。蚕豆对氮、磷、钾需求减少，主要靠茎叶器官中营养元素转移到籽粒中。

（2）蚕豆施肥方法。蚕豆所需养分除了氮有很大一部分由根瘤菌提供外，其余养分要从土壤中吸收。因此蚕豆的施肥原则是“适量施氮，增施磷肥、钾肥”。

蚕豆施肥分为基肥和追肥。基肥要重施，且以有机肥为主。一般每亩施有机肥1吨左右，配施过磷酸钙25～30千克、氯化钾6千克左右，肥力低的土壤再配施尿素3千克，以促进苗的生长。

蚕豆追肥在苗高10厘米、5～6片叶时，施一次提苗肥，每亩施尿素

1.5～3千克，以促进壮苗及分枝。蚕豆进入花荚期生长迅速，养分吸收最多，根瘤菌活动也最盛。因此，进入花期要进行第二次追肥。磷肥能促进根瘤菌的活力，可以形成更多的根瘤，增强固氮作用，钾肥能使茎秆健壮，增强抗病抗倒能力，因此此次施肥每亩可用磷钾为主的复混肥10～15千克。

蚕豆中、后期用0.1%钼酸铵溶液喷施，可促进根瘤固氮，用0.2%磷酸二氢钾和0.2%硼砂溶液在花荚期喷施，可增加结荚率和结实率，从而提高产量。

44 蚕豆为何要打顶？

我国蚕豆品种的花序主要为无限花序，蚕豆高部节位生殖功能明显退化，花荚退化，不能正常结荚成熟，同时不能进行光合作用，消耗同化物，导致粒重降低、产量减少和熟期推迟。因此，我国大多数地区采取打顶的措施以增加粒重、提高产量和促进早熟。但打顶摘心能够增产是有条件的，属选择性措施。干旱年份，冻害、涝害、病虫害严重，群体不足，营养体偏小、植株矮小，株高小于60厘米，最高叶面积指数小于4，荫蔽度不大的田块一般不宜打顶。

在打顶技术上，一般打晴（天）不打阴，以防治阴雨使伤口霉烂；打小（叶）不打大，打实（茎）不打空，打蕾不打花，以达到控制旺长、防止倒伏、提早成熟、保护叶功能、促进同化物向荚粒输送的目的，从而提高产量。

45 怎样才能使蚕豆的根瘤长得又多又大？

蚕豆的根由主根、侧根和根瘤组成。其功能是吸收养分和水分，也有一定的固定、支撑植株的作用；并具有共生固氮菌作用，即有固定空气中的氮素的能力。所以，根是蚕豆生长发育极为重要的部分。蚕豆的主根、侧根及其分枝形成了庞大的根系，主根入土很深，可达80～150厘米，因此能够利用其他作物很难吸收利用的土壤深层的营养元素，尤其是可将钙素等带到土壤上层，为当季或后季作物所利用。主根上着生许多侧根，于近地表上部水平分布，展延50～80厘米，以后向下生长，入土深达80～110厘米，但大部分根系集中分布于0～30厘米土层中。

蚕豆主根、侧根及各级分枝上簇生许多根瘤，具有固氮能力。根瘤又分复瘤、中等瘤和小瘤三级。固氮速率高的复瘤主要分布在主根上；秋播蚕豆根瘤菌的生长过程是苗期弱、中期盛、后期衰。尽管在11月上旬出苗时已始见根瘤，但在越冬期90～100天内，因天气寒冷，根瘤生长缓慢，待春季气温回升时，根瘤生长才逐渐加快，到花荚期达到最旺，自结荚期根瘤开始衰老，但此时如有氮素肥料相配合，可延缓根瘤衰老，成熟时仍可有部分粉红色的根瘤。

46 怎样防止蚕豆种皮变色?

蚕豆种皮变色的主要原因是蚕豆种子内含有多酚氧化物和酪氨酸等，遇暴晒、温度、水分等外界条件时，容易发生氧化、褐变而导致变色。防止措施是：除连荚晒种、降低种子水分、避光低温储藏外，在蚕豆初花期用菊酯类农药结合防病进行蚕豆象防治也是重要措施。

47 什么是蚕豆病？如何治疗?

蚕豆病又称葡糖-6-磷酸脱氢酶缺乏症，是一种遗传性缺陷性疾病，表现为进食蚕豆后引起溶血性贫血，会出现黄疸、贫血、面色苍白、小便呈酱油色等症状，甚至引发多个脏器衰竭致死。

蚕豆病的治疗方法如下。

（1）输血。本病为急性溶血，且贫血严重，输血或输浓集红细胞是最有效的治疗措施。严重者可反复输血。但对血液来源应进行葡萄糖-6-磷酸脱氢酶快速筛选检查，以避免葡萄糖-6-磷酸脱氢酶缺乏者供血，使患者发生第二次溶血。

（2）使用肾上腺皮质激素。主要是起到免疫抑制作用，应争取早期、大量、短程用药。

（3）纠正酸中毒。蚕豆病溶血期常有不同程度的酸中毒，严重者单纯输

血无效，应积极纠正。这是抢救危重患者的关键措施。

（4）补液。 应多饮水或输入液体，以改善微循环。但应防止急性肾功能衰竭。并发急性肾功能衰竭时，应注意维持水、电解质平衡。

（5）对症处理。 蚕豆病如合并感染可加重溶血，出现高热、缺氧和心率加快等症状，故应积极处理，但应避免使用对肾脏有损害作用的药物。

48 蚕豆有哪些营养价值？

蚕豆的蛋白质含量在30%左右，高的品种在40%以上，比禾谷类作物种子高1倍以上。在食用豆中其蛋白质含量仅次于大豆。蚕豆蛋白质中的氨基酸种类齐全，人体中不能合成的8种必需氨基酸中，除色氨酸和甲硫氨酸含量稍低外，其余6种氨基酸含量都高，尤其是赖氨酸含量丰富，比禾谷类作物种子高1倍。所以蚕豆被誉为植物蛋白质的新来源，受到欧洲和非洲一些国家的重视。蚕豆的维生素含量一般超过大米和小麦。

第四章 豌豆篇

49 豌豆有哪几种菜用方式？

豌豆用途类型丰富，菜用主要是利用其鲜食部分。菜用方式主要包括鲜食籽粒、鲜食嫩荚、鲜食茎叶三种；干籽粒经发芽处理后可以利用其芽苗菜。

50 我国有哪些优良豌豆品种？

豌豆品种按用途类型分为鲜食籽粒类型、鲜食荚类型、鲜食茎叶类型、芽苗菜类型、干籽粒粒用类型、兼用类型（鲜食籽粒和鲜食荚）。目前通过国家登记或者区域内审定的鲜食籽粒类型豌豆品种有中秦1号、云豌18、中豌4号、成豌8号、科豌5号、科豌6号、长寿仁豌豆等；鲜食嫩荚（软荚）类型优良品种有食荚小菜豌3号、食荚甜脆豌3号、苏豌4号、云豌21、云豌26、科豌嫩荚3号、台中11、台湾小白花、奇珍76等；鲜食茎叶类型品种有云豌1号、云豌45、无须豆尖豌1号、无须豆尖豌3号等，其他鲜食茎叶类型优质品种还包括中豌4号以及成豌、定豌、陇豌系列的部分品种；干籽粒粒用类型品种（大部分为半无叶类型）有云豌8号、陇豌6号、坝豌1号、定豌7号、草原30、草原276、苏豌1号及成豌系列的部分品种等。其他品种有中豌4号、中豌6号、科豌4号、辽选1号、草原23等。

51 目前我国有哪些较好的硬荚豌豆品种？

硬荚豌豆品种包括干籽粒粒用类型的大部分品种及鲜食籽粒类型的部分品种。硬荚干籽粒粒用类型品种有中豌4号、草原12、草原14、陇豌4号、陇豌6号、定豌2号、定豌4号、定豌7号、云豌4号、云豌8号、云豌17等；硬荚鲜食籽粒类型品种有云豌1号、云豌18、苏豌2号、苏豌8号、无须豆尖豌1号、无须豆尖豌3号及长寿仁系列品种等。

52 目前我国有哪些较好的软荚豌豆（荷兰豆）品种？

生产上应用面积较大的软荚豌豆品种有台中11、台湾小白花、奇珍76、食荚小菜豌3号、食荚甜脆豌3号、苏豌4号、云豌21、云豌26等。

53 怎样进行豌豆良种的繁育？

良种繁育主要注意选择最佳生态区域，同时加强水肥管理。豌豆属于自花授粉冷季豆类。良种的繁育，一是应选择凉爽而湿润的气候带，以北纬25°～60°的低海拔地区以及北纬0°～25°的高海拔地区较为适宜；二是由于豌豆极不耐涝也不耐旱，良种繁育要加强水分的科学管理。开花前期和荚果充实期为需水临界期，豌豆在开花前期对水涝最为敏感，此时期若降雨过多，形成水涝影响根瘤活动，会明显降低花荚数和结实率，造成减产。

54 如何做豌豆芽苗菜？

传统的豌豆芽苗菜生产方式需借助土壤（沙土）制作苗床后再用薄沙子覆盖进行，形式上类似于栽培豌豆，待芽苗长至合适高度进行收获。随着人们生活节奏的加快及生活成本的增加，目前主要利用无土栽培技术生产豌豆芽苗菜，规模化的生产可利用日光温室、薄膜大棚等进行，严格对栽培容器进行消毒灭菌后，选择未经化学处理的健康种子经过催芽进行生产。规模化生产主要注意温度和水分的管理，适宜发芽温度为10～20℃，每天用喷雾器进行2～3次喷淋，相对湿度75%左右。此外，豌豆芽苗菜也可利用家庭阳台进行小规模制作，先用25℃左右温水浸种12小时左右至种子充分吸水膨胀，再将种子转移至合适器皿并放置于光照充足区域，每隔6小时左右温水喷淋一次即可。

55 我国当前有哪些豌豆高产高效栽培技术？

（1）干豌豆高产高效栽培技术。全程机械化生产技术，即利用机械精细整地，利用机械按照设计规格进行等距离条播。主要适用于北方干豌豆主产区。

（2）鲜食豌豆高产高效栽培技术。以南方“+豌豆”生产模式和北方全程机械化鲜食豌豆生产模式为代表。“+豌豆”生产模式包括“玉米+豌豆”“烟草+豌豆”等早秋鲜食豌豆免耕直播生产技术模式，采用豌豆与夏季作物烟草、玉米进行短时套作。此外还有“果林+豌豆”的林下豌豆生产技术模式，如曲靖市地方标准DB5303/T 16—2017《猕猴桃园套种鲜食豌豆栽培技术规程》。“+豌豆”模式的优点是产品多次采收可以获得较高的产量并保证豌豆品质，缺点是人工成本高，需要加强机械化的研发和应用力度；北方全程机械化鲜食豌豆生产模式采用机械化播种、田间管理、收获、脱粒生产矮生鲜食籽粒类型豌豆，优点是节约大量人工成本，但需要降低产品损失率并加强品控。

56 豌豆早期冻害的症状、原因及预防和补救措施有哪些？

（1）豌豆早期冻害的症状及原因。豌豆属冷季豆类，需要温暖而湿润的气候环境，耐寒能力不及小麦、大麦。豌豆冻害常发生于植株生长早期或开花结荚期间，植株生长点死亡并且叶片会出现不规则的坏死斑。一般豌豆品种在苗期能耐-4℃的低温，在-5℃以下即会受冻害。不同生育阶段生物学起始温度：发芽出苗为2～4℃（最适温度为9～12℃，最高温度为32～35℃），营养器官形成为7～8℃（最适温度为14～16℃），生殖器官发育为6℃（最适温度16～20℃），结荚为6.5℃（最适温度为16～22℃）。低于起始温度时，豌豆就会出现不同程度的冻害。用于速冻加工、生育期短的中豌系列品种遇寒流冻害更加严重。在南方地区，豌豆在三种情况下易受冻害：一是冬季比较干旱，水分不足，形成干冻，寒潮来临时易受冻害；二是豌豆进入越冬期，因气温高，生长旺盛，寒流袭击时气温骤降而受冻；三是强寒潮连续袭击，遭遇长时间低温而受冻。冻害的机理是细胞结冰引起原生质过度脱水，破坏原生质蛋白质分子的空间构型，同时，结冰最易伤害膜结构，使膜蛋白凝聚、脂类层破坏。膜破坏，代谢就紊乱，最后导致细胞死亡。

（2）豌豆冻害的预防。

① 清沟排水，防止积水结冰。豌豆目前最主要的防冻措施是开沟排渍，确保“三沟”（围沟、腰沟、畦沟）畅通，田间无积水，以避免渍水过多妨碍根系生长，做到冰雪融化后能及时排出，从而有利于豌豆生长快速恢复。

② 采用覆盖技术预防冻害。可采用稻草或麦秆等覆盖于豌豆田。但一般寒潮结束后要及时掀开，以防各种病虫害。

（3）豌豆遇冻害后的主要补救措施。

① 寒流过后及时查苗，及时摘除冻死叶，拔除冻死苗，对由于表土层冻融时根部拱起土层、根部露出、幼苗歪倒等造成的“根拔苗”，要尽早培土壅根；解冻时，及时撒施一次草木灰或对叶片喷洒一次清水，对防止冻害和失水死苗有较好效果，可有效减轻冻害损失。

② 增施速效氮、磷、钾肥。灾后适当追施一些速效氮、磷、钾肥，以增强豌豆对冻伤的修复。豌豆受冻后，叶片和根系受到损伤，必须及时补充养分。要普遍追肥，每亩追施3～5千克尿素，长势较差的田块可适当增加用量，使其尽快恢复生长。在追施氮肥的基础上，要适量补施钾肥，每亩施氯化钾3～4千克或者根外喷施磷酸二氢钾1～2千克，以增加细胞质浓度，增强植株的抗寒能力，促灌浆壮籽。

③ 加强测报，防治病虫害。豌豆受冻后，较正常植株更容易染病，要加强病虫害的预测预报，密切注意发生发展动态。

 豌豆生产中常见的病害及防治方法有哪些？

豌豆生产中常见的真菌病害有豌豆白粉病、豌豆褐斑病、豌豆霜霉病、豌豆枯萎病、豌豆根腐病，常见的病毒病有豌豆种传花叶病毒病和豌豆黄化叶病毒病。

（1）豌豆白粉病。豌豆白粉病广泛发生在我国各豌豆种植区，是豌豆生产中普遍发生的病害，会造成较重的产量损失。

① 病害症状。主要危害叶、茎蔓和荚（图4-1），多始于叶片。叶面染病初期现白粉状淡黄色小点，后扩大呈不规则形粉斑，互相连合，病部表面被白粉覆盖，叶背呈褐色或紫色斑块。病情扩展后波及全叶，致叶片迅速枯黄。茎、荚染病也出现小粉斑，严重时布满茎荚，致茎部枯黄，嫩茎干缩。后期病部现出小黑点，即病原菌的闭囊壳。

图4-1　豌豆白粉病症状

② 防治方法。一是种植抗病品种；二是收获后及时清除病残体，集中烧毁或深埋，减少初次侵染源；三是加强栽培管理，合理密植，多施磷钾肥，以增强植株抗性；四是药剂防治：病害发生初期可喷施25%三唑酮可湿性粉剂1500～2000倍液、325克/升苯甲·嘧菌酯悬浮剂1500～2000倍液等，重病田隔7～10天再喷1次。

（2）豌豆褐斑病。豌豆褐斑病发生在我国各豌豆种植区，是豌豆生产中普遍发生的病害。

① 病害症状。主要危害植株地上部分（图4-2）。叶片和荚上病斑呈圆形，

茎部病斑呈椭圆形或纺锤形，病斑棕褐色，略凹陷，有明显的深褐色边缘，病斑上产生大量小黑粒点（分生孢子器）。花器被侵染后病斑常常环绕花萼，导致花或幼荚脱落或扭曲。病原菌能够穿过荚侵染内部的种子，种子干燥时病斑不易辨认，种子未干时，病斑呈现黄色至灰褐色，种皮褶皱。

图4-2　豌豆褐斑病症状

② **防治方法**。一是种植抗病品种；二是使用健康无病种子；三是实行轮作；四是收获后及时清除病残体；五是药剂防治：发病初期喷施75%百菌清可湿性粉剂600倍液或80%代森锰锌可湿性粉剂600倍液、53.8%氢氧化铜水分散粒剂1000倍液、45%晶体石硫合剂250倍液，病情严重的田块间隔7～10天喷施1次，连续喷施2～3次。

（3）豌豆霜霉病。豌豆霜霉病在我国南方及西北豌豆种植区有发生，在局部地区造成危害。

① **病害症状**。霜霉菌侵染豌豆引起系统或局部症状（图4-3）。系统侵染的植株一般矮缩、扭曲，病菌在植株表面大量产孢，通常在开花前会全株死亡。叶片上局部病斑不规则，在叶面形成黄绿色至褐色病斑，病斑两面产生霉层。湿度大时，病情发展迅速。叶背面产生绒毛状鼠灰色霉层，布满全叶，最后使叶片枯黄而死。发病严重时，嫩梢和茎也可受害。高湿条件下也可以侵染荚，被侵染的荚变形、产生黄色至褐色病斑，表面疱状。

图4-3　豌豆霜霉病症状

② 防治方法。一是选用抗病品种：选用在田间表现抗病的品种进行种植。二是使用无病种子：病害可能通过种子传播，因此应选用健康种子。三是栽培防治：与非寄主作物实行轮作，减少初侵染源；收获后及时清除病残体，集中烧毁，耕翻土地；加强栽培管理，合理密植，降低田间湿度。四是药剂防治：用25%甲霜灵可湿性粉剂以种子重量的0.3%进行拌种；发病初期使用90%三乙膦酸铝可湿性粉剂500倍液、72%霜脲·锰锌可湿性粉剂800～1000倍液、72%霜霉威水剂700～1000倍液、69%烯酰·锰锌可湿性粉剂1000倍液等。

（4）豌豆枯萎病。豌豆枯萎病在我国各豌豆种植区均有发生，是豌豆生产中对产量影响较大的病害之一。

① 病害症状。早期症状表现为叶片和托叶下卷，叶和茎脆硬，根系表面看似正常，纵向剖开时维管束组织已变为黄色至橙色，变色部位向上延伸可达上胚轴和植株的茎基部。随病情发展，叶片从茎基部到顶部逐渐变黄，当土温高于20℃时，病情发展迅速，植株地上部萎蔫和死亡（图4–4）。

图4–4 豌豆枯萎病症状

② 防治方法。一是栽培防治：与非寄主作物轮作3～5年以上；合理施肥，多施腐熟的有机肥，增施磷钾肥和石灰，调节土壤pH至6.5～7.0；高垄栽培，合理密植，雨后及时排水；播前防治地下害虫、胞囊线虫等。二是种植抗、耐病品种：不同地方可根据品种的适应性，合理选用抗、耐病品种。三是药剂防治：用多菌灵等广谱杀菌剂拌种或进行种子包衣，以保

护幼根；发病初期用50%甲基硫菌灵可湿性粉剂或50%多菌灵可湿性粉剂等，采用喷灌结合，每株用250～500毫升药液灌根，间隔7～10天再处理1次。

（5）豌豆镰刀菌根腐病。豌豆镰刀菌根腐病在我国各豌豆种植区均有发生，是豌豆生产中危害最严重的病害，对生产影响极大。

① 病害症状。主要危害根或茎基部。初侵染发生在子叶节部位以及下胚轴和主根之间的部位，随后向上扩展到地表以上茎基部和向下扩展至根系。病根初为红褐色病斑，逐渐变黑，根瘤和根毛明显减少，维管束变为红褐色。茎基部产生砖红色病斑，缢缩或凹陷，病部皮层腐烂；病株矮化，叶片褪绿、黄化，最后植株死亡（图4-5）。

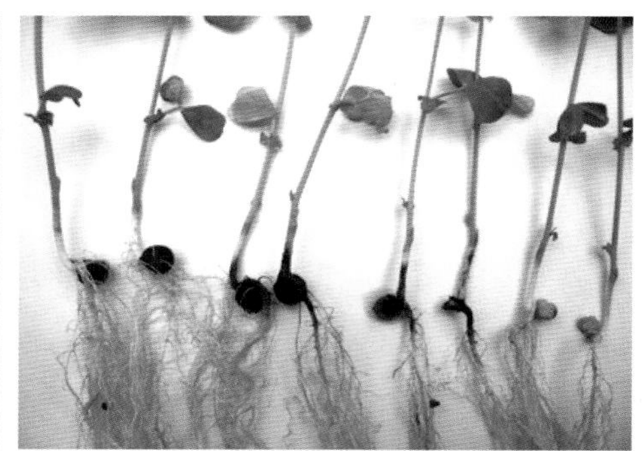

图4-5　豌豆镰刀菌根腐病症状

② 防治方法。豌豆镰刀菌根腐病防治方法同豌豆枯萎病。

（6）豌豆种传花叶病毒病（PSbMV）。豌豆种传花叶病毒病（PSbMV）是豌豆生产中的重要病害，由于病毒极易通过种子传播，随着育种材料的广泛交换，该病已成为世界性分布的病害之一。豌豆种传花叶病毒病可以引起高达100%的植株发病，常常造成严重的产量损失。

① 病害症状。症状的严重程度受到豌豆品种、温度等环境条件、病毒株系或致病型的影响。主要症状有：叶片背卷，植株畸形，叶片褪绿斑驳、明脉、花叶，并常常发生植株矮缩；如果是种子带毒引起的幼苗发病，症状则比较严重，导致节间缩短、果荚变短或不结荚；病株所结籽粒的种皮常常发生破裂或有坏死的条纹，植株晚熟（图4-6）。有时一些品种被侵染后不表现症状。一般情况下，中熟品种较早熟品种发病程度重。

图 4-6 豌豆种传花叶病毒病症状

② 防治方法。一是栽培防治：种植无病毒侵染的健康种子，可以有效控制初侵染源。二是种植抗病品种：目前仅有少量豌豆生产品种具有抗病性，但在种质资源中存在抗病材料，甚至一些是完全免疫的类型。已鉴定出四个隐性抗病基因*sbm1*、*sbm2*、*sbm3*、*sbm4*。三是防治蚜虫：在田间出现蚜虫后，及时喷施杀虫剂控制蚜虫种群数量和防止其迁飞，可以防止病毒的传播和扩散，但对病害的稳定控制效果不显著。

58 如何防治豌豆潜叶蝇？

豌豆潜叶蝇（*Phytomyza horticola*）属双翅目潜蝇科，为多食性害虫，是当前豌豆生产上最主要的害虫。豌豆潜叶蝇幼虫在寄主叶片表皮下取食，形成不规则灰白色线状虫道（图4-7）。严重时虫道布满整张叶片，以植株基部叶片受害最为严重，受害植株提早落叶，妨碍结荚，甚至枯萎死亡。成虫吸食植物汁液，严重影响豌豆的产量、品质和食用价值。

图 4-7 豌豆潜叶蝇幼虫危害豌豆

雌成虫体长2.3～2.7毫米，雄虫1.8～2.1毫米：全身暗灰而有稀疏刚毛，中胸近黑色，各腹节后缘暗黄；触角黑，第三节近方形；中胸有4对粗大背中鬃，而无中鬃，小盾片后缘有4根粗长的小盾鬃；足黑。卵长卵圆形，长

0.30～0.33毫米，灰白光滑，卵壳薄而软，略透明。末龄幼虫3.2～3.5毫米，黄白色；前后气门均长在突起上，2龄幼虫前气门各有9～10个排成双行的开口，后气门7个开口排成圈；3龄幼虫前气门和后气门各有6～10个和6～9个开口。围蛹卵圆形略扁，长2.1～2.6毫米，乳白至黑褐色不等；一对前气门长在一分叉突起上，各突起上环有10个开口；各后气门突起也有排列成环的10个开口。

豌豆潜叶蝇的防治方法如下。

① 农业防治。清洁田园，以消除越冬虫蛹，减少越冬虫源基数。

② 生物防治。初春（3月上中旬），田间豌豆潜叶蝇越冬蛹羽化为成虫时，用黄板防治豌豆潜叶蝇成虫。

③ 化学防治。田间始见幼虫危害时，喷施10%溴氰虫酰胺可分散油悬浮剂2000～2500倍液，或75%灭蝇胺可湿性粉剂4000～6000倍液，或50%灭蝇胺可湿性粉剂2000～3000倍液等药剂防治，虫害严重的田块，间隔7～10天连续防治2～3次。

59 为什么说豌豆是耕作制度中一种重要的倒茬作物？

豌豆为豆科作物，与土壤中根瘤菌共生，种植一季豌豆能够为土壤提供31～107千克/公顷的氮肥，可降低农业生产中氮肥的用量水平，缓解农业生态压力。同时相关研究表明，小麦与豌豆、蚕豆或者羽扇豆等豆科作物进行轮作后可明显提升小麦的产量水平。

60 豌豆的主要功能性成分有哪些？

豌豆的鲜茎秆含氮0.5%、可消化蛋白质21.2%、钾0.3%、磷0.1%，豌豆青干草和豆秸的蛋白质含量比禾谷类作物多1倍以上，是极好的粗饲料，特别适合于反刍动物；豌豆干籽粒蛋白质含量达22.6%以上，粗淀粉含量为48%，赖氨酸和甲硫氨酸的含量分别为1.67%和0.27%，粗纤维含量为5.5%，酸性洗涤纤维含量为8.2%，中性洗涤纤维含量为16.7%。在饲用中净能与可消化能比值高，在精深加工行业，是优质蛋白粉的主要原料。

61 鲜食豌豆如何保鲜贮藏？

鲜食豌豆的保鲜贮藏主要有3个关键点，一是采摘的时候需要留取5厘米左右的叶柄，这样可以延缓豌豆的衰老；二是采摘后及时放置于4℃冷库中进行冷处理，减缓其生理代谢过程；三是在远距离、大数量的运输过程中采用冷藏运输或者在运输载具中安置竹制管道以达到通风需求，降低热量累积。

62 豌豆有哪些加工产品和加工技术？

豌豆初加工产品以膨化食品为主，制作工艺相对简单。豌豆膨化产品主要采用油炸膨化或者沙炒膨化技术加工。豌豆深加工产品有豌豆苗、豌豆粉丝、鲜豌豆罐头、速冻青豌豆、豌豆浓缩蛋白等。豌豆粉丝以圆粒白豌豆或者麻豌豆类型为原料，通过磨粉、冲芡、捏粉、漏粉等工序生产。鲜豌豆罐头的原料为硬荚鲜食籽粒类型豌豆，通过去荚、盐水浮选、预煮、冷却、漂洗、装罐、杀菌、冷却等诸多工序生产。豌豆浓缩蛋白加工技术较为复杂，其原料为子叶黄色的圆粒白豌豆或者麻豌豆，通过将豌豆磨粉后利用空气分选机将其分为粗粉（主要成分是淀粉）和细粉（主要成分是蛋白质），循环进行3次后细粉的蛋白质含量在60%以上。

63 青豌豆速冻加工是怎样进行的？

青豌豆速冻技术流程为脱粒、分级（按籽粒直径大小）、盐水浮选（分选不同成熟度原料）、高温漂烫（96～200℃）、冷却、速冻、包装、冷藏。

第五章 小豆篇

64 小豆的生长特性如何?

小豆性喜温、喜光、抗涝。全生育期需要10℃以上有效积温2000～2500℃，一般在8～12℃以上开始发芽出苗。小豆对光照反应敏感，过早播种延长生长期，成熟期并不提早。所以由高纬度向低纬度引种时会提早成熟，而由低纬度向高纬度引种时会延迟成熟且延长成熟期。

小豆生育期长短因品种而异。生长期短的可在60～70天；生长期长的在110～120天。小豆在开花前后需水最多，开花结荚期遇高温、干旱，易造成落花、落荚；过于湿润，植株容易倒伏。在鼓粒成熟期，天气晴朗利于光合作用，有利于提高粒重。小豆在疏松的腐殖质多的土壤中生长最好。沙土地种植的小豆粒红有光泽。壤土地种植的小豆发乌、暗红色。小豆对土壤适应性较强，在微酸、微碱性土壤中均能生长。

65 小豆有哪些选育而成的优良品种?

小豆起源于中国，已有2000多年的栽培历史，主要分布在中国、日本、韩国等东亚国家。小豆在中国各地都有种植，在由野生品种向半野生品种、栽培品种演化的过程中，形成了如今丰富多彩的小豆种质资源（图5-1）。

中国是世界上收集和保存小豆种质资源最多的国家，约5000份。中国小豆产区主要分为东北春小豆区（黑龙江、吉林、辽宁、内蒙古等）、黄土高原春小豆区（山西中部、陕西北部、甘肃东部等）、华北夏小豆区（河北、山西等）以及南方夏小豆区（江苏、安徽等）。不同小豆产区的优良品种如下。

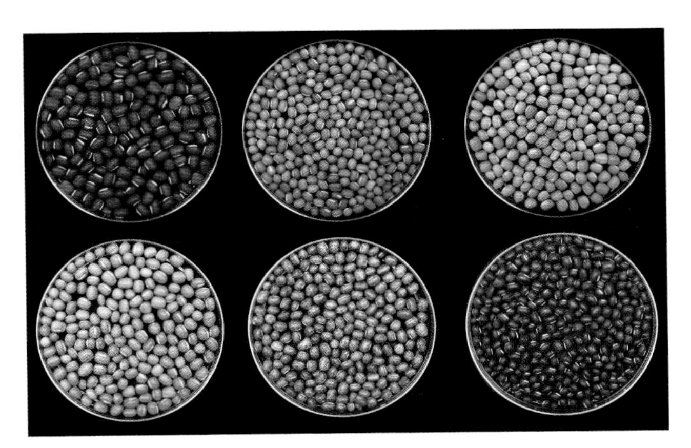

图 5-1 丰富的小豆资源（张晓燕 / 摄）

（1）东北春小豆。

① 辽小豆1号。由辽宁省经济作物研究所经十余年系统选育，于1994年被辽宁省农作物品种审定委员会审定并命名的小豆品种，具有适应性强、抗旱耐病、耐瘠薄、早熟丰产等特点。

② 辽引红小豆2号。由辽宁省农业科学院于2000年由农家品种变异株经系统选育而成，较耐旱、耐瘠薄，较抗叶斑病、病毒病和白粉病。

③ 白红5号。由吉林省白城市农业科学院选育而成，母本为白红1号，父本为日本大正红。该品种对土壤肥力要求不严，适应性广，可以抗病毒病和霜霉病，具有籽粒饱满、色泽鲜艳等特点。

④ 龙小豆2号。品种来源于黑龙江省农业科学院，母本为龙8601，父本为种间杂交新种质ZYY5310。该品种具有抗逆性强、耐旱性强、增产稳定等优点。

⑤ 龙小豆3号。品种来源于黑龙江省农业科学院，母本为日本红小豆，父本为京农7号。该品种属于高蛋白质品种，籽粒整齐有光泽，品质优良，商品性好。

⑥ 吉红6号。品种来源于吉林省农业科学院，母本为襟裳，父本为白红1号，粗蛋白含量为25.38%，籽粒呈圆柱形、浅红色，种皮薄且有光泽。

⑦ 吉红7号。品种来源于吉林省农业科学院，母本为红11-3，父本为辽107，具有抗叶部病害、抗旱性强等特点。

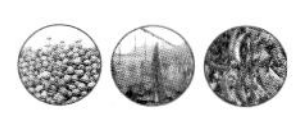

（2）黄土高原春小豆。

① 晋小豆1号。品种来源于山西省农业科学院，通过对冀红小豆辐射处理，选出变异单株并经多年选育而成。该品种小豆抗倒伏，生长旺盛，属于中熟品种。

② 晋小豆3号。品种来源于山西省农业科学院，籽粒呈圆形，白脐，色红，有光泽。

（3）华北夏小豆。

① 中红3号。由中国农业科学院作物研究所选育，籽粒呈圆柱状，饱满均匀，粒色呈鲜红色。

② 中红4号。由中国农业科学院作物研究所选育，属于大粒、早熟品种，具有抗病毒病、白粉病、叶斑病等特点，较耐旱、耐瘠薄。

③ 中红5号。由中国农业科学院作物研究所选育，属于大粒、早熟品种，具有抗病毒病、白粉病、叶斑病等特点，较耐旱、耐瘠薄。籽粒鲜红色，饱满均匀，商品性好。

④ 冀红小豆5号。品种来源于河北省农林科学院粮油作物研究所，具有耐阴、耐瘠、抗病毒病的特点，丰产性和稳产性较好。

⑤ 冀红9218。由河北省农林科学院粮油作物研究所选育，国家鉴定品种。具有高产、优质、广适等特点。籽粒饱满整齐，百粒重16.8克，商品性好。

⑥ 冀红16。由河北省农林科学院粮油作物研究所选育，国家鉴定品种。具有优质、高产、广适等特点，对线虫病具有较好抗性，丰产稳产性好，商品性优。

⑦ 京农5号。品种来源于北京农学院，由京农2号经辐射诱变选育而成的大粒小豆品种。该品种具有抗锈病、耐白粉病的特点，外观品质较好，适合出口贸易。

⑧ 保红947。品种来源于河北省保定市农业科学院。保红947粒大，呈短圆柱形，色泽鲜艳，商品性状好，产量较高，有较大增产潜力。

（4）南方夏小豆。

① 苏红1号。品种来源于江苏省农业科学院，属于中熟小豆品种。苏红1号籽粒呈长圆柱形，脐白，色红，有光泽，商品性优良。

② 苏红2号。品种来源于江苏省农业科学院，属于晚熟小豆品种。苏红2

号籽粒呈短圆柱形，脐白，色红，有光泽，商品性优良。

③ **通红2号。**由江苏沿江地区农业科学研究所选育，籽粒呈短圆柱形，脐白，色红，有光泽，商品性好。

④ **鄂红豆1号。**由湖北省农业科学院农业现代化研究所主持，在湖北省种子总公司、五峰土家族自治县农业技术推广中心协作下，通过混合选择法育成的小豆新品种。该品种具有耐荫蔽、耐湿性强等优点，属于多荚特大粒小豆品种。

66 小豆有哪些保健功效？

小豆营养丰富，富含蛋白质、糖类、矿物质和维生素等（表5-1），属于药食同源类作物，被誉为粮食中的“红珍珠”，同时还含有多种氨基酸、黄酮、皂苷、植物甾醇和天然色素等生物活性物质，具有较高的营养价值。

表5-1　每100克小豆营养成分含量

营养成分	含量
蛋白质/克	21.7
脂肪/克	0.8
糖类/克	60.7
磷/毫克	478
钙/毫克	67
铁/毫克	5.6
维生素 B_1/毫克	0.43
维生素 B_2/毫克	0.15
烟酸/毫克	2.7

资料来源：程须珍等，1993，亚蔬绿豆科技应用论文集。

小豆具有以下功效。

（1）抗氧化活性。小豆中含有原花青素、儿茶素、阿魏酸、异牡荆素、牡荆素、芦丁、槲皮素、金丝桃苷、山柰酚等多酚类化合物。多酚类化合物具

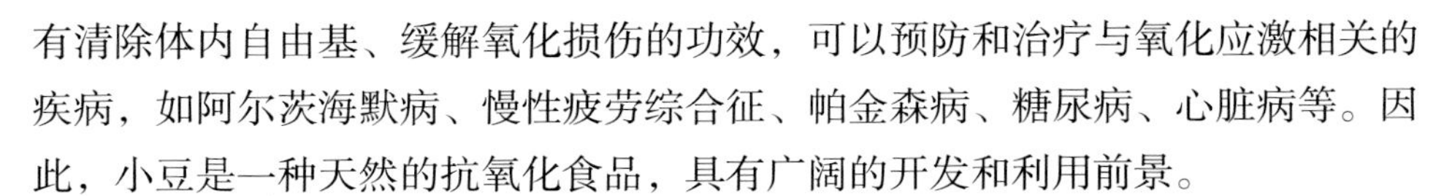

有清除体内自由基、缓解氧化损伤的功效，可以预防和治疗与氧化应激相关的疾病，如阿尔茨海默病、慢性疲劳综合征、帕金森病、糖尿病、心脏病等。因此，小豆是一种天然的抗氧化食品，具有广阔的开发和利用前景。

（2）血糖控制。小豆中膳食纤维含量在5.6%～18.6%，丰富的膳食纤维具有降低消化速度、保持消化系统健康、降低甘油三酯、清肠通便的功效，是低血糖指数的食品，在对肥胖症、糖尿病和心血管疾病等病症的预防中起积极作用。

（3）抑菌杀菌。小豆水提物能够抑制金黄色葡萄球菌、副溶血性弧菌、粪肠球菌和嗜水气单胞菌的生长和繁殖，起到良好的抑菌和杀菌作用。

（4）护肝作用。人们普遍认为豆类具有一定的解毒功效，小豆对于肝脏损伤有一定的抑制作用，对肝脏的损伤修复是通过抗氧化性来实现的。

67 怎样给小豆除草?

小豆田间单子叶杂草主要有狗尾草、金狗尾草、稗等，双子叶杂草主要有野燕麦、酸模叶蓼、藜、反枝苋、马唐、苍耳、龙葵等。一般可采取中耕的方式对小豆田间杂草进行处理，也可进行化学除草。

（1）中耕除草。小豆开花前应进行1～2次中耕除草，防止草荒，在开花期全面细致地拔除一次大草，避免杂草与小豆争夺肥水而降低小豆结实率。第一次中耕在第一片三出复叶完全展开时进行；第二次中耕在第三片三出复叶完全展开、封垄前进行，目的是松土、除草、抗旱防涝、防寒增温、改善土壤条件等。

（2）化学除草。可采用化学药物，如播后苗前使用精异丙甲草胺（金都尔）、出苗后使用烯禾啶等进行除草。优点是效果好，省工省力，缺点是不能松土。烯禾啶又名拿捕净、乙草丁、硫乙草灭和稀禾定，剂型有20%乳油和12.5%机油乳剂。可除稗、狗尾草、马唐、看麦娘等一年生禾本科杂草，对多年生杂草如芦苇、狗牙根等也有较好的效果。对一年生杂草，机油乳剂用量为每亩65～100毫升，乳油用量略少于机油乳剂，喷药时间在3～5叶期。对于多年生杂草，机油乳剂用量为每亩200～400毫升，喷药时间在4～6叶期。用药时不必全面喷施药物，见草喷药即可。

68 对小豆如何利用生长调节剂?

我国拥有的小豆种质资源中大部分为农家品种，只有少数是育成品种。农家品种常会出现营养生长与生殖生长不协调的现象。有些早熟品种生殖生长过早，但营养生长不足，营养体比较小，开花结荚和鼓粒所需的养分不足，易出现早衰、产量低的现象；而一些晚熟品种营养生长过旺，但生殖生长过晚，影响产量。在这些情况下，可使用生长调节剂。

三碘苯甲酸是一种可以抑制徒长、矮化粗壮茎秆、防倒伏的生长调节剂，可抑制小豆顶端生长，在中晚熟品种要倒伏时使用，初花期喷洒10000倍稀释液或盛花期喷洒5000倍稀释液，均匀喷洒在叶面即可，但初花期喷洒的效果更好，可增产10%～15%。10000倍稀释液配制方法：每亩用5克三碘苯甲酸，溶于500毫升乙醇中，加清水50千克。5000倍稀释液配制方法：每亩用5克三碘苯甲酸，溶于500毫升乙醇中，加清水25千克。

矮壮素可以抑制徒长，可使小豆茎秆矮化粗壮，节间缩短，防止倒伏。使用浓度通常为1%（除开花期），也可在开花期喷洒0.125%～0.2%浓度的矮壮素溶液。

69 小豆收获时要注意什么?

小豆品种有无限结荚和有限结荚两类。无限结荚类型，只要温湿度适宜，花期很长，成熟期很不一致，往往植株中、下部的荚果已经成熟，而上部的荚果仍为青绿色或正在灌浆鼓粒。若种植面积较小，可采取人工分批摘荚的办法；种植面积较大，则田间豆荚有70%以上变黄白时为适宜收获期。这个时候将部分未成熟的青荚连同豆秆一起晾晒，会有后熟作用。小豆在田间自行裂荚掉粒较少，如果等全部荚成熟后收获，中下部的荚反而易受机具损伤，造成落粒，影响产量，还影响籽粒的色泽。收获过早粒色不佳，粒型不整齐，而且秕粒增多，会降低收获品质和商品价值。收获过晚易裂荚落粒，籽粒光泽减退，粒色加深，异色粒增多，外观品质降低。小面积栽培时可

分批收获，收获时最好将茎拔起，一方面可以保持荚的完整性，另一方面可以增加籽粒的饱满度。大面积种植通常采用机械化收割和脱粒，采用机械化收割时候，需要提前处理田间杂草，防止收割过程中杂草在机具中缠绕。一般选择在早晨露水下去后进行收获来降低损失率。收获后及时晾晒、脱粒、晒种。

小豆晾晒前首先要清理晾晒场地，周围不能有其他杂物堆放。将收获的整株的小豆或已经机械化收割的豆荚摊放，晾晒到荚干，即可进行脱粒。晾晒应选择在高温、湿度低、有微风的晴朗天气进行，有利于种子干燥。

豆荚风干后需要经过人工脱粒或者用脱粒机进行脱粒，脱粒结束后要对种子进行清选、精选，清除种子中混入的霉粒、茎、叶、破粒、虫粒、荚皮、损伤种子的碎片、杂草种子以及泥土等掺杂物。剔除不饱满的、虫蛀的、裂变的种子，以提高种子的精度级别和利用率。脱粒扬净的种子勿暴晒，以免影响色泽。

第六章

豇豆篇

 普通豇豆有哪些较好的品种?

(1)苏豇8号。由江苏省农业科学院蔬菜研究所选育,生育期为73～83天,株高50.7～63.9厘米,主茎分枝3.3～4.2个,主茎节数12.1～12.3节,单株结荚16.1～20.6个,荚长14.3～16.1厘米,单荚粒数11.7～12.9粒,百粒重14.8～15.3克。籽粒花斑色,品质好。耐旱,耐贫瘠,耐热,适应性广。产量高,每公顷籽粒产量1800～3000千克。

(2)中豇1号。由中国农业科学院作物科学研究所选育,春播生育期约85天,夏播生育期60～70天,株高约50厘米,主茎分枝2～4个,单株结荚8～20个,荚长18～23厘米,单荚粒数12～17粒,百粒重14～17克。籽粒肾形,种皮紫红色,营养物质含量较高。耐旱,耐贫瘠,耐热,高抗锈病。每公顷籽粒产量1500～3500千克。

(3)中豇2号。由中国农业科学院作物科学研究所选育,春播生育期92～101天,夏播生育期61～75天,株高40～80厘米,主茎分枝1～5个,单株结荚8～24个,荚长13～19厘米,单荚粒数10～15粒,百粒重13～16克。籽粒肾形,种皮橙色,品质好。抗干旱,耐贫瘠,耐热,较抗花叶病毒病。每公顷籽粒产量1500～2700千克。

(4)中豇3号。由中国农业科学院作物科学研究所选育,春播生育期约80天,夏播生育期60～70天,株高约55.9厘米,主茎分枝3.7个,单株结荚15.1个,荚长19厘米,单荚粒数13.6粒,百粒重15.9克。籽粒肾形,种皮紫红色,白脐,品质好。耐旱,耐瘠,耐热,抗锈病及花叶病毒病。每公顷籽粒产量1915.5千克。

（5）中豇4号。中国农业科学院作物科学研究所选育，春播生育期约80天，夏播65天左右，株高约50厘米，主茎分枝2～5个，单株结荚5～15个，荚长10～15厘米，单荚粒数8～13粒，百粒重11～15克。籽粒肾形，种皮橙色，黑脐环，品质好。耐旱，耐瘠，耐热，较抗根腐病。每公顷籽粒产量1000～1400千克。

（6）I0502。由中国农业科学院作物品种资源研究所选育，春播生育期87～98天，夏播生育期71～76天，植株蔓生。白粒黑脐环，籽粒较大，蛋白质含量25.59%，总淀粉含量50.73%。耐旱，耐瘠，抗病毒病。每公顷籽粒产量1500～2000千克。

（7）I0511。由中国农业科学院作物品种资源研究所选育，春播生育期88～98天，夏播生育期71～73天，植株蔓生，单株结荚15～26个，百粒重18～22克。籽粒红色，粒大。蛋白质含量25.4%，总淀粉含量48.58%。耐旱。每公顷籽粒产量1500～2000千克。

（8）I0503。由中国农业科学院作物品种资源研究所选育，春播生育期83～85天，夏播生育期60～72天，株高约50厘米，百粒重约10克。籽粒橙色，小粒。籽粒蛋白质含量24.96%，总淀粉含量50.28%，耐旱，耐瘠，耐热。每公顷籽粒产量900～1200千克。

（9）I1333。中国农业科学院作物品种资源研究所引进的尼日利亚品种，春播生育期约103天，夏播生育期80天左右，矮生植物，株高约60厘米，百粒重12克左右。籽粒较小，粒色橙底紫花，蛋白质含量25.43%，淀粉含量45.45%。耐旱，耐贫瘠。每公顷籽粒产量1800千克。

（10）白爬豆（I0540）。由河北省农林科学院鉴定筛选的地方品种，晚熟，蔓生，株高120～170厘米，单株结荚10～24个，荚长12～15厘米，单荚粒数9～12粒，百粒重14～15克。籽粒白色，蛋白质含量22.22%，淀粉含量49.85%。耐旱，耐贫瘠。每公顷籽粒产量1700千克。

（11）豫豇1号。由河南省农业科学院选育，全生育期80～110天，株高50～120厘米，单株结荚10～20个。籽粒紫红色，营养品质较高，适宜4月中旬至7月中旬播种，可与其他作物间作套种，每公顷籽粒产量1200～1500千克。

（12）串蔓花豇豆（I0081）。河北省地方品种，蔓生。籽粒橙底紫花，中粒，蛋白质含量25.03%，淀粉含量47.58%。抗锈病，抗蚜虫，芽期抗旱。每公顷籽粒产量1000千克。

（13）I0024。由中国农业科学院作物品种资源研究所选育鉴定的地方品种，中晚熟，蔓生，百粒重约21克。紫红籽，粒大，蛋白质含量23.2%，淀粉含量50.13%。耐旱。每公顷籽粒产量1500千克。

71 豇豆的营养品质怎样？

豇豆（*Vigna unguiculata*），又称角豆、饭豆、带豆、长豆等，在我国各地被广泛种植和食用（图6–1），尤其是长江流域和华南地区。豇豆是夏秋两季上市的大宗蔬菜，主要食用部分是嫩豆荚，通过凉拌、热炒、腌制等方式被食用。李时珍赞“此豆可菜、可果、可谷，备用最好，乃豆中之上品”。

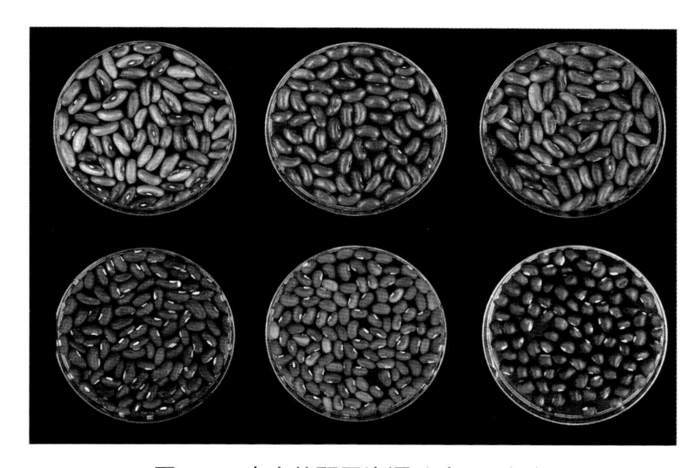

图6–1 丰富的豇豆资源（黄璐/摄）

豇豆籽粒营养丰富，蛋白质含量达到18%～30%，脂肪含量1%～2%，淀粉含量40%～60%，含有各种氨基酸（表6–1），尤其是人体不可缺少的8种必需氨基酸，含有丰富的矿物质、维生素及多种有利于人体健康的生物活性物质。豇豆中的维生素C能够促进细胞新陈代谢，预防色素沉淀和皮肤粗糙，具有抗氧化和延缓衰老等功效。豇豆籽粒中富含磷脂，可以促进胰岛素分泌，参与体内糖代谢。此外，豇豆中的粗纤维可以促进肠蠕动，有利于肠毒素的排除。而豇豆中一些抗营养因子，如胰蛋白酶抑制剂、胃胀气因子等含量较少，故在世界各地受到广泛欢迎，尤其是北美和非洲国家。

表 6-1　豇豆籽粒氨基酸含量

氨基酸种类	含量范围 /%	平均含量 /%
天冬氨酸	2.42 ～ 3.76	3.02
苏氨酸	0.72 ～ 1.09	0.92
丝氨酸	0.86 ～ 1.36	1.07
谷氨酸	4.15 ～ 5.64	4.80
脯氨酸	1.25 ～ 2.01	1.74
甘氨酸	0.91 ～ 1.24	1.11
丙氨酸	0.95 ～ 1.27	1.12
缬氨酸	1.22 ～ 1.68	1.47
甲硫氨酸	0.21 ～ 0.47	0.33
异亮氨酸	0.88 ～ 1.54	1.22
亮氨酸	1.66 ～ 2.42	1.47
酪氨酸	0.72 ～ 0.96	0.83
苯丙氨酸	1.20 ～ 1.70	1.48
赖氨酸	1.55 ～ 2.19	1.88
组氨酸	0.67 ～ 1.07	0.84
精氨酸	1.45 ～ 2.81	2.06
色氨酸	0.18 ～ 0.23	0.20

注：数据来源于中国农业科学院品种资源研究所生理生化研究室。

72　豇豆有哪些保健功效?

豇豆含有丰富的营养成分和功能活性物质，有较高的药用价值和保健功效。《本草从新》中记载其“散血消肿，清热解毒”。《医林纂要》中言其“补心泻肾，渗水，利小便，降浊升清”。《滇南本草》中有“治脾土虚弱，开胃健脾”的记载。这说明中国古代劳动人民很早就认识到豇豆具有很高的保健功效，可以起到补肾健胃、开胃健脾、消肿止痛、清热解毒的作用。

菜用长豇豆作为一种人们喜爱食用的蔬菜，为人体提供了易于消化吸收的优质蛋白质，适量的糖类及丰富的维生素、矿质元素等，可以充分补充机体所需的营养物质。同时，作为保健蔬菜，豇豆能够促进人体胃肠道蠕动和消化吸收，抑制胆碱酯酶活性，增进食欲。维生素C人体不能自身合成，必须通过食物摄取，豇豆中的维生素C可以清洁血管，将胆固醇分解成硫化物而排出体外，提高血管弹性，并且起到提高机体免疫力的作用。豇豆有“蔬菜中的肉食品”之称，营养学家们建议，长期吃素的人可以用豇豆佐餐。其富含膳食纤维，易于消化，可润肠通便，常吃可预防便秘。值得注意的是，豇豆中还含有植酸、单宁等对人体消化吸收不利的物质，可通过充分加热煮熟或炒熟豇豆，达到使有害物质分解破坏的目的。

73 怎样防治豇豆叶斑病?

豇豆叶斑病最初发生在叶片的两面，起初为紫褐色斑点，逐渐扩大为圆形。叶片表面出现褐色或暗绿色霉状物，严重时导致叶片枯死掉落。病菌生长温度在7～35℃，一般高温高湿、通风透光不良、连作地等情况下易导致叶斑病的发生。

防治方法：发病初期每10天喷洒一次200倍等量式波尔多液，或50%甲基硫菌灵可湿性粉剂600～1000倍液，或50%多菌灵可湿性粉剂1000倍液，或用65%代森锌可湿性粉剂500～600倍液，喷2～3次，可取得较好的效果。

74 怎样防治豇豆锈病?

豇豆锈病在高温高湿条件下易发生，病原为豇豆单胞锈菌，常发生于叶片上，严重时可能影响到叶柄和种荚。开始时，在叶背出现黄白小斑点，略微凸起；然后面积逐渐扩大，颜色逐渐变褐，呈现小脓疮状，形成夏孢子堆；之后表皮破裂，散出红褐色的夏孢子，可随气流传播；最后形成黑色的冬孢子堆，导致叶片干枯脱落，影响光合作用，进而影响产量。

防治方法：一是选用抗病品种；二是清除田间有病植株并烧毁；三是药剂防治：用15%三唑酮可湿性粉剂1000～1500倍液，或50%萎锈灵乳油800倍液，或65%代森锌可湿性粉剂500～600倍液，或50%多菌灵可湿性粉剂1000倍液喷洒，约10天喷洒1次，连续喷2～3次，均有防治效果。

第七章 普通菜豆

75 普通菜豆有哪些类型?

普通菜豆（*Phaseolus vulgaris*）是世界上种植范围最广、栽培面积最大、消费人群最多的食用豆类，其产量约占世界食用豆类总产量的50%。根据食用器官的不同，可以把普通菜豆划分为两大类，一类是以食用籽粒为主，称为芸豆或干菜豆；另一类以食用嫩荚为主，称为荚用菜豆或四季豆。根据豆荚用途可将普通菜豆分为软荚类型（菜用菜豆）和硬荚类型（粒用菜豆）。根据生长形态（矮生和蔓生）和生长习性（有限和无限）分为矮生有限生长类型、矮生无限生长类型、矮生或蔓生无限生长类型和蔓生无限生长类型。

普通菜豆种皮颜色丰富多彩（图7–1），可分为白、灰、褐、绿、黄、蓝、黑、紫红和花斑（纹）等。粒形可分为卵圆形、椭圆形、扁圆形、肾形、长

图7–1 丰富的菜豆资源

筒形等。按籽粒大小分，大粒百粒重为50～80克，中粒百粒重为30～50克，小粒百粒重低于30克。在外观上分为小白芸豆、小黑芸豆、红芸豆、白腰子豆、红腰子豆、黄芸豆、褐芸豆、紫芸豆、斑点芸豆等。

76 我国普通菜豆有哪些优良品种？

据记载，普通菜豆起源于美洲。后来被驯化、选育，现主要分布于非洲东部、美洲、亚洲以及欧洲西部和东南部。

随着野生菜豆的驯化、对国外普通菜豆的引进、对现有普通菜豆品种的选育和对普通菜豆栽培技术的创新改进，中国已经成为普通菜豆的重要食用国和出口国，普通菜豆在全国各省份均有种植，并逐渐形成了三大普通菜豆优质资源种植区，分别是以黑龙江为主的东北地区，以山西、新疆、内蒙古为主的西北地区和以云贵高原为主的西南地区。

（1）东北地区优良的普通菜豆品种。

①品芸2号。来源于中国农业科学院作物品种资源研究所，于1981年引入黑龙江省。早熟品种，生育期85～95天，株高60～70厘米，主茎分枝3～4个，单株结荚25～35个，单荚粒数5.4粒，百粒重18～20克，平均产量2512.5千克/公顷，无限结荚，适应性广，较抗病。

②龙芸豆5号。由黑龙江省农业科学院作物育种研究所杂交选育而来，母本为F0637，父本为F2179。中熟品种，生育期90～95天，株高50～60厘米，主茎分枝3～4个，单株结荚25～35个，单荚粒数5～6粒，百粒重20～22克，平均产量2204.8千克/公顷，直立型，秆强不倒伏，高产，抗病，商品性好。

③恩威。由黑龙江省从美国引进。早熟品种，春播生育期80天，株高75～85厘米，主茎分枝3～5个，单株结荚20～30个，单荚粒数4～6粒，百粒重18～20克，平均产量2611.9千克/公顷，无限结荚，半蔓生，高产，抗病。

④龙芸豆6号。由黑龙江省农业科学院作物育种研究所杂交选育而来，母本为澳大利亚004白芸豆，父本为美国红芸豆。早熟品种，春播生育期77天左右，株高35厘米左右，主茎分枝3～4个，单株结荚10～15个，单荚粒数5～6粒，百粒重50克左右，平均产量2602.7千克/公顷，有限结荚，株形紧

凑，直立抗倒伏。

⑤ 龙芸豆7号。由黑龙江省农业科学院作物育种研究所杂交选育而来，母本为F2179，父本为F1870。中早熟品种，春播生育期90～95天，株高50～60厘米，主茎分枝4～5个，单株结荚25～35个，百粒重20克左右，平均产量2591.2千克/公顷，有限结荚，株形紧凑，直立抗倒伏。

⑥ 龙芸豆8号。由黑龙江省农业科学院作物育种研究所杂交选育而来，母本为F0609，父本为F2153。中熟品种，生育期96天左右，株高50～55厘米，主茎分枝3～4个，单株结荚13～15个，百粒重40克左右，平均产量2477.0千克/公顷，有限结荚，直立抗倒伏。

（2）西北地区优良的普通菜豆品种。

① 品金芸1号。由山西省农业科学院品种资源研究所从F4357种质资源中系统选育而来。中晚熟品种，生育期107天，株高41.7厘米，主茎分枝3.9个，单株结荚32.3个，单荚粒数6.2粒，百粒重21.9克，平均产量2595.0千克/公顷，植株生长势强，株形直立，抗旱性好，抗寒性一般，抗病性好。

② 品金芸2号。由山西省良种引繁中心从F4339种质资源中系选而来。中晚熟品种，生育期112天，株高37.4厘米，主茎分枝3.1个，单株结荚17.7个，单荚粒数4.4粒，百粒重59.6克，平均产量2457.0千克/公顷，植株生长势强，株形直立，抗旱性好，抗寒性一般，适应性好，抗病性强。

③ 品金芸3号。由山西省农业科学院品种资源研究所以美国红芸豆经^{60}Co辐射诱变处理选育而来。中早熟品种，生育期84天，株高41.9厘米，主茎分枝4.2个，单株结荚20.2个，单荚粒数5.1粒，百粒重47.8克，平均产量2434.5千克/公顷，植株生长势强，株形直立，抗旱性好，抗寒性一般，适应性好，抗炭疽病。

④ 英国红芸豆。从英国引进的早熟品种。生育期85天，株高40.3厘米，主茎分枝4个，单株结荚17个，单荚粒数4.9粒，百粒重46.0克，平均产量2197.5千克/公顷，植株生长势强，株形直立，抗旱性好，抗寒性一般，适应性好。

⑤ 新芸豆6号。由新疆农业科学院粮食作物研究所从LS126-2号品种中系选而来。生育期111天，株高60.3厘米，主茎分枝2.2个，单株结荚14.9个，单荚粒数3.0粒，百粒重62.7克，平均产量3365千克/公顷，抗寒性好。

⑥ 阿芸1号。由新疆农业科学院粮食作物研究所从92-11号品种中系选而

来。生育期112天，株高52.5厘米，有效分枝4.0个，单株结荚16.5个，单荚粒数3.0粒，百粒重64.0克，平均产量4622千克/公顷，高产，抗寒性好。

⑦ **阿芸2号**。由新疆农业科学院粮食作物研究所从97-2号品种中系选而来。生育期114天，株高62.5厘米，有效分枝4.0个，单株结荚15.5个，单荚粒数3.0粒，百粒重64.0克，平均产量3556千克/公顷，籽粒饱满，抗寒性好。

⑧ **北京小黑芸豆**。由中国农业科学院从国外引进、筛选、鉴定出的优良粒用芸豆品种，于1988年在内蒙古推广。早熟品种，生育期110天左右，株高60～70厘米，主茎有效分枝4～5个，单株结荚20～40个，单荚粒数4.4粒，百粒重20～22克，平均产量3769.5千克/公顷，有限结荚，抗倒伏，抗病，适应性好，高产，耐旱，耐湿。

（3）西南地区优良的普通菜豆品种。

① **毕芸1号**。由贵州省毕节市农业科学研究所从地方筛选出的天然杂交种，后经系选而来。中熟品种，生育期93～100天，株高48～53厘米，主茎有效分枝5.6个，单株结荚13个，单荚粒数3.3粒，百粒重60.5克，属大粒品种，单作条件下一般产量2500～3200千克/公顷，间套作条件下一般产量1800～2300千克/公顷，有限结荚，直立型。

② **毕芸2号**。由贵州省毕节市农业科学研究所从地方筛选出的天然杂交种，后经系选而来。中熟品种，生育期95～102天，株高47～52厘米，主茎有效分枝5.2个，单株结荚12.4个，单荚粒数4.0粒，百粒重59.5克，属大粒品种，单作条件下一般产量2900～3750千克/公顷，间套作条件下一般产量2000～2500千克/公顷，有限结荚，直立型，高产。

③ **雀蛋芸豆**。贵州省的地方品种。中熟品种，生育期94～100天，株高39～45厘米，主茎有效分枝5.6个，单株结荚15.4个，单荚粒数5.2粒，百粒重45.2克，间套作条件下一般产量1200～1800千克/公顷，有限结荚，直立型。

④ **长红花芸豆**。贵州省的地方品种。中熟品种，生育期94～100天，株高40～45厘米，主茎有效分枝3.4个，单株结荚13.6个，单荚粒数5.2粒，百粒重45.8克，间套作条件下一般产量1350～2000千克/公顷，有限结荚，直立型。

⑤ **红芸豆**。贵州省的地方品种。晚熟品种，生育期106～116天，株高大于200厘米，主茎有效分枝3.0个，单株结荚16.2个，单荚粒数5.0粒，百

粒重39.1克，间套作条件下一般产量1500～2300千克/公顷，无限结荚，蔓生型。

⑥ 二红花芸豆。贵州省的地方品种。晚熟品种，生育期103～113天，株高大于200厘米，主茎有效分枝3.0个，单株结荚13.8个，单荚粒数5.0粒，百粒重36.5克，间套作条件下一般产量1300～2000千克/公顷，无限结荚，蔓生型。

77 普通菜豆的营养成分怎样?

普通菜豆是一种高蛋白质、低脂肪的作物，为人们提供了优质的植物蛋白，常被用于调节人们的膳食结构，在世界范围内被普遍食用。普通菜豆中蛋白质含量约为20.8%，糖类含量为56.9%，脂肪酸含量为1.3%，膳食纤维含量为17.3%，同时，普通菜豆含有丰富的亚油酸、亚麻酸、维生素和氨基酸。菜豆嫩荚中富含胡萝卜素和维生素C，其含量比干籽粒高几倍甚至十几倍。如表7-1所示，普通菜豆钾含量较高（每100克籽粒含量为1406毫克），是小麦的3.5倍、燕麦的3.3倍、玉米的4.5倍、高粱的4.0倍。此外，普通菜豆籽粒中蛋白质、膳食纤维、铁和叶酸在几种作物中含量最高。

表7-1 每100克普通菜豆与其他作物干籽粒营养成分含量对比

营养成分	普通菜豆	小麦	燕麦	玉米	高粱
能量/焦耳	1394.27	1419.39	1628.74	1511.51	1419.39
蛋白质/克	23.58	13.7	16.89	6.93	11.3
糖类/克	60.01	72.57	66.27	76.85	74.66
膳食纤维/克	24.9	12.2	10.6	7.3	6.3
脂肪/克	0.83	1.87	6.9	3.86	3.1
铁/毫克	8.2	3.88	4.72	2.38	4.4
钾/毫克	1406	405	429	315	350
叶酸/毫克	394	44	56	25	0

资料来源：《中国食用豆类生产技术丛书普通菜豆生产技术（2016）》。

普通菜豆籽粒中脂肪和能量含量低，是一种理想的适合于瘦身减肥的蔬菜，其氨基酸配比比较全面，矿物质营养丰富，是典型的高钾低钠蔬菜。菜豆中丰富的膳食纤维和抗性淀粉，具有改善人体血糖水平、降血脂的作用，是升糖指数极低的蔬菜之一。需要提醒的是，尽管菜豆营养丰富，但是食用时须注意安全。菜豆中含有胰蛋白酶抑制剂、皂素和血球凝集素等对人体有害的物质，若加热不充分，食用后会引起食物中毒，如头晕、恶心、呕吐、腹泻等，严重的甚至会有生命危险。因此在食用时要充分加热，彻底炒熟，以确保安全。

78 荚用菜豆（四季豆）有哪些营养价值？

四季豆是夏秋两季盛产的蔬菜，为一年生缠绕草本植物，主要用于鲜销，以食用嫩荚为主，嫩豆荚肉质肥厚，营养丰富。每100克嫩荚含蛋白质1.1～3.2克，糖类2.3～5.0克，干物质12.0克，还含有钙、磷、铁及多种微量元素和多种维生素，常食用可以健脾胃，增进食欲。夏天多吃四季豆可以解暑、清口。四季豆不仅可以煮食、炒食、凉拌，还可对其进行干制、速冻等加工，是一种鲜嫩可口，色、香、味俱全，营养、健康的功能型优质蔬菜。

79 普通菜豆各生育阶段对水分和养分的要求怎样？

普通菜豆整个生育期分为4个阶段：发芽期、幼苗期、开花结荚期和成熟期。

（1）发芽期。播种后从种子萌动到幼芽和子叶伸出地面并展开一对基生叶，这一阶段称为发芽期。子叶中贮藏的养分供给发芽期所需要的营养，温度过低，发芽期延长，不利于子叶展开，实际操作中，一般在温度10～12 ℃时播种，当子叶可以进行光合作用时，表明发芽阶段结束。

（2）幼苗期。从初生叶展开到孕蕾前为幼苗期。这段时间以营养生长为主，要有足够的养分，合适的光照条件、水分和温度以促进普通菜豆的生长发育。该过程应注意中耕，防寒增温，改善土壤，促进花芽分化。在出苗到开花前的苗期，基叶开展前由子叶供给养分，基叶开展后进行光合作用，不需要追肥和灌水。复叶出现后，若基肥不足，可进行一次追肥，每亩施复合化肥10千克，若土壤比较干旱，可追肥灌水一次，在灌水后进行中耕，在苗期要以保墒为主，但土壤水分不宜过多。

（3）开花结荚期。指从孕蕾到60%～70%荚果形成的阶段。该阶段又可分为初花期、盛花期和终花期。开花结荚期是营养生长和生殖生长并进的时期，需要大量水分和养分，应加强肥水供应，提供合适的光照，防虫防病，防止早衰，减少落花落荚，为高产奠定基础。普通菜豆对氮、磷，钾、钙等元素的需求量，随着开花和结荚的增多而增加。所以多在开花结荚盛期进行追肥，以满足荚果籽粒迅速灌浆增大的需要，每亩每次可追施复合化肥15千克。根据品种不同和实际生长情况，可施肥1～2次。开花结荚期需要大量水分，若土壤墒情不足，可灌水1～2次。

（4）成熟期。在开花结荚后期，大部分荚果籽粒迅速灌浆膨大，荚壳老化并枯黄，种子中含水量减少，枯黄的豆荚达到75%～80%即可收获。

36 怎样防止普通菜豆落花落荚？

普通菜豆落花落荚的原因，主要有以下几方面。

（1）温度。高温或低温均可能使植株生长不良从而造成落花落荚，并且影响花芽的正常分化。30～35℃的高温可导致花芽整体发育弱或停止发育，因而开花数减少或脱落。

（2）光照。普通菜豆对光照强度非常敏感，特别是在花芽分化后，若光照强度弱，光合物质供给不足会导致开花结荚数减少，落花落荚数增多。

（3）湿度。空气湿度会显著影响普通菜豆花粉的发芽力。高温高湿或高温干旱对发芽力影响很大，使得受精困难，因而增加了落花落荚数。

（4）营养。普通菜豆从出苗到开花结荚后期，各器官之间会争夺养分。初花期是营养生长与生殖生长营养供应的矛盾时期；开花结荚盛期，花与花、荚与荚、花与荚之间存在养分竞争；在开花结荚末期，光合作用减弱，花与荚之间和花序之间也存在养分竞争。养分不足会导致花和荚的脱落。

为了防止普通菜豆的落花落荚，在栽培上要适时播种，使盛花期避开高温季节；种植密度要适合，避免透光不良，在播种前施足基肥，追肥时要氮、磷、钾合理配合施用；对蔓生品种要搭好支架，可以减轻落花落荚的程度。

81 怎样防治普通菜豆的主要病害和虫害？

普通菜豆的病害和虫害主要有下面几种。

（1）**炭疽病**。这是普通菜豆最常见的病害，是由真菌引起的一种严重的病害，多发生在潮湿地区或季节。症状是在幼苗的子叶、胚轴以及植株的茎、真叶叶片、叶柄、豆荚和种子上产生病斑。炭疽病危害极大，豆荚被严重破坏，导致籽粒干瘪，减产20%～30%，重病田减产达95%，甚至绝产。早期出现圆形的红褐色至深褐色病斑，随后病斑凹陷腐烂，使幼苗茎折断或死亡。在成株的叶片背面先产生圆形病斑，随后病斑扩展为三角形或多角形，颜色由褐色变黑色。当豆荚受到侵染时，先在荚上产生褐色小斑点，随后扩大为圆形或近圆形病斑，斑的边缘有隆起的红褐色圈。种子上的病斑为黄褐色至褐色，稍凹陷。在田间最适宜发病的温度为20 ℃左右，空气相对湿度为95%以上，在13 ℃以下或27 ℃以上、湿度低于92%时很少发生。栽培密度过大、株间通风条件差、地势低洼、土质黏重，很易发生炭疽病。

防治方法：主要是选用抗病品种。播种时选用无病斑种子，用种子重量0.4%的50%多菌灵或福美双可湿性粉剂加适量水调制成黏稠状进行拌种，或用40%硫黄·多菌灵悬浮剂或60%多菌灵磺酸盐可溶性粉剂600倍液浸种30分钟，然后用清水洗净，晾干后再播种。发病初期喷施50%多菌灵可湿性粉剂500倍液，或50%甲基硫菌灵可湿性粉剂500倍液，或25%溴菌腈可湿性粉剂500倍液，或25%咪鲜胺乳油1000倍液，或80%福·福锌可湿性粉剂800倍液，或75%百菌清可湿性粉剂600倍液，隔7～10天喷施1次，连续防治2～3次。

（2）**枯萎病**。普通菜豆枯萎病属于根系上的病害，是一种真菌病害，病情轻时植株出现萎蔫状，病重时植株死亡。发病初期根系发育不良，侧根少；到中期，主茎、侧枝和叶柄内的维管束变为黄色至黑褐色，叶脉两侧有褪绿现象，进而呈黄褐色，随着时间的推移，褪绿症状发展到整个植株，最后叶片枯萎并变为褐色，叶片容易脱落。由于病原菌使植株维管束堵塞，在高温、干旱条件下，被侵染植株常产生急性萎蔫症状。萎蔫症状在苗期至成株期都可以发生，但以开花结荚期发生较严重。该病易发生的温度为24～28℃，空气相对湿度为70%以上。

防治方法：可选用抗病品种。除此之外，在播种前进行种子处理。一般用种子重量0.4%～0.5%的50%多菌灵可湿性粉剂与水1∶1混合拌种。也可用40%甲醛300倍液或50%多菌灵可湿性粉剂50倍液浸种4小时，然后用清水洗净、晾干和播种。田间防治可用20%甲基立枯磷乳油1200倍液，或50%多菌灵可湿性粉剂500倍液，或50%甲基硫菌灵可湿性粉剂400倍液，浇灌病株根部，每株用药液300～500毫升，或喷淋病株，使药液沿茎流入土中，隔7～10天喷淋1次，喷淋2～3次。

（3）根腐病。普通菜豆根腐病常造成植株成片死亡。这种病是由真菌引起。受害部位为地表下的茎基部和主根。发病初期表现为植株矮小，在茎基部和主根上出现边缘不明显的红褐色斑块，继而病斑变深，凹陷或裂开。至开花结荚期，叶片变黄，变枯，但不脱叶。随后主根开始腐烂、不生侧根，茎基部出现粉红色霉状物。严重时主根腐烂，茎叶枯萎，植株死亡。雨水、灌溉水和未腐熟的农家肥是传播媒介，在高温（29～32℃）高湿时易发生此病。

防治方法：可用70%甲基硫菌灵可湿性粉剂1000倍液，或75%百菌清可湿性粉剂600倍液，5～7天喷一次，连喷2～3次。

（4）病毒病。有普通花叶病毒病和黄花叶病毒病。普通花叶病毒病的症状是叶片皱缩、褪绿，同时出现花叶和畸形叶，植株萎缩。黄花叶病毒病的症状为叶片出现黄色花叶，植株变矮，呈丛生状。两种病均由蚜虫和白粉虱传毒。

防治方法：选用未带病种子播种，或用0.3%磷酸三钠溶液浸种15分钟，清水洗净晾干后再播种。对蚜虫防治可用50%马拉硫磷乳剂1000倍液喷洒。

（5）白粉虱。受害植株表现为叶片变黄，生长不良，产量下降。白粉虱成虫和若虫多聚集在叶背吸食液汁，同时会传播病毒病。

防治方法：可用25%噻嗪酮可湿性粉剂1000～1500倍液，或用2.5%联苯菊酯乳油2000～3000倍液，或2.5%溴氰菊酯乳剂1000～2000倍液喷洒。

（6）叶螨。也称为红蜘蛛。它的成螨、幼螨和若螨在叶片背面吸食汁液，导致被害处产生褪绿斑点。严重时叶片干枯发红，并且脱落，导致产量下降。叶螨繁殖力强，春天气温10℃以上时成螨飞入田间繁殖和危害，繁殖最适温度为29～31℃，空气相对湿度35%～55%。

防治方法：需要及时清除田间枯枝落叶和杂草，耕翻土地。初期发现叶螨可喷药防治，药剂可用25%灭螨猛可湿性粉剂1000～1500倍液，或73%炔螨特乳剂1500倍液，每5～7天喷一次，连喷2～3次。

第八章 其他食用豆类

82 扁豆有哪些种类？

扁豆（*Lablab purpureus*）别名膨皮豆、火镰扁豆等，是豆科、扁豆属多年生缠绕藤本植物。全株几无毛，茎长可达6米，常呈淡紫色。扁豆花有红白两种，豆荚有绿白、浅绿、粉红或紫红等色。嫩荚作蔬菜，白花和白色种子入药，有消暑除湿、健脾止泻之效（中国科学院中国植物志编辑委员会，1995）。

根据荚果颜色的不同，扁豆可分为以下几类：白扁豆、绿扁豆、青扁豆、红扁豆和紫扁豆等（图8-1至图8-3）。

（1）白扁豆。因白皮、白肉、白脐而得名，可干鲜两用。鲜籽粒肉质细腻，绵柔软糯，风味佳，营养丰富；干籽粒做汤鲜美可口，是滋补佳品，与鱼、肉红烧别有风味。青荚扁平状半月形，呈绿色，老熟荚灰白色，每荚种子3～5粒；种子呈扁卵圆形，种皮、种肉、种脐均为白色（林丽，2019）。

（2）绿扁豆。是较为常见的一种豆类，因其扁平的外形而得名。绿扁豆的外皮触感非常细腻，微微凸出，肉比较厚，可以炖或煮熟。

（3）青扁豆。豆荚长呈椭圆形，肉荚厚，呈淡绿色。豆荚较嫩时可菜用，可油炸、炖和干炒。

（4）红扁豆。豆荚形状肥厚，比一般的豆荚圆润饱满，红扁豆的颜色绿中透红，颜色翠亮，偶尔有一点紫色条纹，其荚肉很厚，所以可以焖或炖肉，也可以炒肉。

（5）紫扁豆。食用嫩荚或成熟豆粒。叶深绿色，叶柄、叶脉及花柄均为紫红色，嫩荚紫红色，背腹线深红色。豆荚镰刀形，宽而平，产量高，品质好。紫扁豆可以腌制成泡菜或晒干，紫扁豆的干果可以用来炒生猪肉，味道

极佳。

图 8-1 红扁豆（吴然然 / 摄） 图 8-2 紫扁豆（薛晨晨 / 摄）

图 8-3 白扁豆和红扁豆的种子（吴然然 / 摄）

83 怎样防治扁豆的病虫害?

扁豆是很多农户喜欢种植的蔬菜，因其适应能力较强，一般种植几株并为其提供攀爬的架子，它就能很好地生长，且产量较高。然而若田间管理不当，扁豆也容易遭受某些病虫害的侵扰，严重时导致绝收。扁豆常见的病虫害及其防治方法总结如下。

（1）扁豆锈病。扁豆锈病病原为担子菌亚门真菌疣顶单胞锈菌（*Uromyces appendiculatu*），系单主寄生菌。该病主要危害叶片、叶柄、茎及荚，叶片染病初生黄白色至黄褐色小斑点，略凸起，后渐扩大，现黄褐色夏孢子堆，突破表皮散出褐红色粉状物，即夏孢子。深秋，从病斑上长出黑色的冬孢子堆，表皮破裂散出黑褐色的冬孢子。严重的致叶片干枯早落，影响产量。

防治方法：一是种植抗病品种；二是提倡施用日本酵素菌沤制的堆肥或充分腐熟的有机肥；三是春播宜早，必要时可采用育苗移栽避病；四是清洁田园，加强管理，适当密植；五是发病初期喷洒15%三唑酮可湿性粉剂1000～1500倍液，或50%萎锈灵乳油800倍液、50%硫黄悬浮剂300倍液、25%丙环唑乳油3000倍液、25%丙环唑乳油4000倍液加15%三唑酮可湿性粉剂2000倍液、70%代森锰锌可湿性粉剂1000倍液加15%三唑酮可湿性粉剂2000倍液、30%固体石硫合剂150倍液、12.5%烯唑醇可湿性粉剂2000～3000倍液、10%抑多威乳油3000倍液、80%代森锰锌可湿性粉剂500～600倍液、6%氯苯嘧啶醇可湿性粉剂1000～1500倍液、40%氟硅唑乳油9000倍液，每隔15天喷洒一次，防治1次或2次。采收前5天停止用药。

（2）扁豆花叶病毒病。扁豆花叶病毒病病原为病毒，主要有大豆花叶病毒（SMV）和黄瓜花叶病毒（CMV）。该病主要发生在花前或花后，表现为系统花叶及斑驳，叶片生长基本正常、叶上出现轻微淡黄绿相间的斑驳，叶片变小或明脉，有的心叶不舒展或节间缩短，扭曲畸形，有的表现为系统环斑，病株矮小（图8-4）。

图8-4　扁豆花叶病毒病（薛晨晨／摄）

防治方法：一是选用抗病性强的品种；二是建立无病留种田，及时拔除病株，选用确实无病、无褐斑豆粒做种；三是加强肥水管理，提高植株抗病力；四是及早防治蚜虫，防止病毒蔓延；五是必要时可在发病初期开始喷洒5%菌毒清可湿性粉剂300倍液或10%混合脂肪酸水乳剂100倍液、0.5%菇类蛋白多糖水剂300倍液、20%吗胍·乙酸铜可湿性粉剂500倍液，隔10天左右喷洒1次，视病情防治1次或2次。采收前3天停止施药。

（3）扁豆炭疽病。扁豆炭疽病病原为豆刺盘孢（*Colletotrichum lindemuthianum*）。苗期危害子叶，成株期危害真叶、茎、荚和豆粒。子叶染病发生在扁豆种子发芽出土且子叶尚未展开时，子叶边缘出现浅褐色至红褐色的凹陷斑，湿度大时其上长出粉红色黏稠物，即病原菌的分生孢子盘和分生孢子；严重的子叶干枯而死。成株期真叶染病初在叶片上生黑褐色小点，后病斑沿叶脉扩展成多角形小条状斑，赤褐色至黑色；叶柄和茎染病与子叶上的病斑相似；未成熟豆荚染病，产生圆形至长圆形凹陷斑，大小为0.5～1厘米，中央黑褐色至黑色，边缘浅褐色或褐红色，扁豆成熟后，病斑颜色渐浅，边缘稍隆起，中央凹陷；种子染病，病斑不定形，黄褐色至暗褐色。扁豆荚和叶上炭疽病病斑边缘呈辐射状扩散。湿度大时，病部泌出橙红色分泌物，即病原菌分生孢子盘和分生孢子。

防治方法：一是选用抗病品种，选留无病种子，从无病荚上采种，必要时进行种子消毒，用45℃温水浸种10分钟或40%甲醛200倍液浸种30分钟，然后冲净晾干播种。也可用种子重量0.3%的50%福美双粉剂或种子重量0.2%的50%四氯苯醌、种子重量0.2%的50%多菌灵可湿性粉剂拌种。二是收获后及时清除病残体，以减少菌源。三是提倡使用日本酵素菌沤制的堆肥或充分腐熟的有机肥。重病田实行2～3年轮作，适时早播，深度适宜。间苗时注意剔除病苗，加强肥水管理。四是对旧架杆应在插架前用50%代森铵水剂1000倍液喷淋灭菌。五是发病初期开始喷洒80%福·福锌可湿性粉剂900倍液或50%苯菌灵可湿性粉剂1500倍液、50%多菌灵可湿性粉剂600倍液、80%代森锰锌可湿性粉剂500倍液、30%碱式硫酸铜悬浮剂400倍液、1∶1∶240倍式波尔多液，隔7～10天喷洒1次，连续防治2～3次。采收前3天停止用药。

（4）蚜虫。蚜虫又称蜜虫，主要危害植株的叶片和细嫩部位，一般喜群集在叶背面吸食汁液，导致叶片皱缩、卷曲、变黄，妨碍植株正常生长，最终导致植株萎蔫，甚至死亡。

防治方法：一是越冬前将杂草和杂物全部清除，将土壤深翻，将虫卵消灭；二是蚜虫在23～27℃温度下和75%～85%相对湿度条件下繁殖最快，应加强管理，创建一个不利于蚜虫生长和繁殖的环境；三是可利用天敌防治；四是可用化学药剂喷洒防治。

84 扁豆有哪些较好的品种?

目前培育出的高产、多抗、优质的扁豆品种有：苏扁1605、红绣鞋苏扁5号、特优2号等（江苏省农业科学院经济作物研究所顾和平老师提供）。

（1）苏扁1605。植株蔓生，具有无限结荚习性，生长繁茂。主根发达。茎淡紫色，圆柱形，茎秆粗壮，缠绕性强，单株一次分枝3～4个。叶片为三出复叶，小叶卵圆形，叶片中等大小，叶脉紫色。紫红色花序长18～19厘米。鲜豆荚镰刀形，紫红色。鲜荚长8～9厘米，宽2～3厘米，每荚有种子4～5粒。单个鲜荚重7～9克。成熟的豆荚白色，干籽粒黑棕色，部分带花纹，较大，白脐，圆形，百粒重40克左右，光泽中等。高产：一般亩产鲜荚1300～1400千克，小面积高产田鲜荚果产量可突破1500千克/亩。优质：该品种平均荚厚达0.84厘米左右，籽粒较大，糯性强，纤维少，食味好，既适合江苏地区喜欢食用籽粒的消费群体，又适合浙江、上海等地区喜欢食用嫩荚的消费群体。多抗：高抗病毒病，抗根腐病、茎腐病，抗旱性、耐涝性、耐寒性均较好。适应性强，结荚率高，稳产性良好。对光周期反应不敏感，既可春播，又可秋播，适宜在长三角及周边地区的田块种植。

（2）红绣鞋苏扁5号。蔓生，具有无限结荚习性，对短日照要求较高，属于喜温喜光型大株形豆类品种。在无人工干预的情况下生长，株高3～4米，主茎明显，单株分枝5～6个，主茎紫红色，叶片卵圆，叶面较大，中部叶片长10～11厘米，宽9～10.5厘米，叶片淡紫色，叶脉深紫色，主花序长25～28厘米，主花序结荚15～20个。鲜豆荚深紫红，颜色均匀一致，背缝线和腹缝线颜色深紫，豆荚弯曲呈月牙形，鲜豆荚长7.2～8.8厘米，宽1.45～1.5厘米，单荚有种子4～5粒。单个鲜荚重10～11克。在中等肥水条件下，亩产鲜豆荚1500千克左右。干籽粒球形，种皮黑色，光泽较强。种脐白色，长0.5～0.55厘米，百粒重32～36克。在大田种植，表现为抗根腐病，抗叶斑病，耐病毒病，耐干旱，抗菌核病。苗期易被蚜虫危害，结荚期易被扁豆食心虫危害。该品种属于扁豆的中熟品种，在大田栽培时，一般6月下旬播种，8月底至9月初开花，花后25～28天可以采收鲜豆荚。该品种具有无限结荚习性，花期较长，为30～35天，鲜豆荚采收期30～40天（图8-5）。

图8-5 红绣鞋苏扁5号（吴然然／摄）

（3）特优2号。蔓生，具有无限结荚习性，对短日照要求较高，属于喜温喜光型大株形豆类品种。在无人工干预的情况下生长，株高3～4米，主茎明显，单株分枝5～6个，主茎淡紫红色，叶片卵圆，叶面较大，中部叶片长9.5厘米，宽8.5～9.5厘米，叶片淡绿色，叶脉淡紫色，主花序长28～32厘米，主花序结荚15～18个。鲜豆荚边缘淡紫色，中间水白色，背缝线和腹缝线颜色淡紫，豆荚弯曲呈月牙形，鲜豆荚长7.6～8.6厘米，宽1.4～1.43厘米，单荚有种子4～5粒。单个鲜荚重10～12.5克。在中等肥水条件下，亩产鲜豆荚1600千克左右。干籽粒球形，深褐色种皮，光泽较强。种阜白色，长0.5～0.55厘米，百粒重32～34克。在大田种植，表现为抗根腐病，抗叶斑病，耐扁豆病毒病，耐干旱，抗菌核病。苗期易被蚜虫危害，结荚期易被扁豆食心虫危害。该品种属于扁豆的早熟品种，在大田栽培时，一般6月下旬播种，8月底至9月初开花，花后25～26天可以采收鲜豆荚。该品种具有无限结荚习性，花期较长，为30～35天，鲜豆荚采收期30～40天。

 扁豆的主要营养成分有哪些？

在欧洲历史上，扁豆被称作"穷人的肉食"，即可以作为穷人们相较肉类而言较廉价的蛋白质来源。扁豆蛋白质含量高达25.64%，是一种成分十分理想的食用豆类。虽然有些豆类作物也富含蛋白质，但作为食品，扁豆具有一定特色：一是容易煮烂，一般30分钟即可煮好，而其他豆类可能需1小时以上；二是基本上不含任何对人体营养不利或有害的成分（潘启元，1992）。

扁豆营养丰富，味道鲜美，它的营养价值高于一般叶类蔬菜，尤其是蛋白质、脂肪、糖类等的含量都超过叶类蔬菜。现代医学研究发现，扁豆的营养成分主要包括蛋白质（高达25.64%）、脂肪（只有0.4%）、糖类、钙、磷、铁及维生素B_1、维生素B_2、酪氨酸酶等。蛋白质含量是青椒、番茄、黄瓜等蔬菜的4倍。富含人体所必需的微量元素锌，锌是维持性器官和性机能正常发育的重要物质，是促进智力发育和视力发育的重要元素，还能提高人体免疫力。因此，青少年常吃些扁豆，对身体发育大有益处。扁豆种皮的B族维生素含量也特别丰富。此外，还有磷脂、蔗糖、葡萄糖等。扁豆含钠量低，是高血压等心血管病患者以及肾炎病人的理想蔬菜。印度科学家经动物实验证明，扁豆还有降低血糖和胆固醇的作用（姚扶有，2010）。扁豆各营养成分含量见表8-1。

表8-1　每百克扁豆中所含营养成分

营养成分	含量	营养成分	含量	营养成分	含量
能量	1420焦耳	维生素B_1（硫胺素）	0.26毫克	钙	137毫克
水分	15.4克	维生素B_2（核黄素）	0.45毫克	镁	92毫克
蛋白质	25.64克	烟酸	2.6毫克	铁	19.2毫克
脂肪	0.4克	维生素C	0毫克	锰	1.19毫克
糖类	56.59克	维生素E	1.86毫克	锌	1.9毫克
膳食纤维	6.5克	胆固醇	0毫克	铜	1.27毫克
胡萝卜素	2.5微克	钾	439毫克	磷	218毫克

我们平时把扁豆作蔬菜食用，是吃它的嫩豆荚和籽，而扁豆老熟的种子也可煮食，还是一味良好的中药。《本草纲目》中说扁豆能止泄泻、消暑、暖脾胃。《会约医镜》认为它“生用清者养胃，炒用健脾止泻”。中医认为，扁豆性味甘平，入脾胃两经，有健脾和中、消暑化湿的功效，可治疗因暑热引起的吐泻及脾虚呕逆、食少久泻、赤白带下、水停消渴和小儿疮积等病症。夏秋季暑熏蒸，胃口不开，恶心腹胀，大便溏烂，用白扁豆煮汤，饮汤吃豆，是很好的解暑健脾食品。

86 小扁豆是怎样的一种食用豆？

小扁豆（*Lens culinaris*）学名兵豆，又称兵豆、滨豆、洋扁豆、鸡眼豆等，属于豆科兵豆属，是一年生或越年生草本植物，植株有细小绒毛或无毛，分枝多（图8–6）。小扁豆是世界性食用豆类作物之一，也是中国重要的小宗豆类。作物之一。小扁豆具有多种用途，是一种粮食、饲料和绿肥兼用作物，种子可食用，茎、叶和种子可作饲料，枝叶可作绿肥（程须珍，2016b）。

定选 1 号植株

定选 1 号花荚

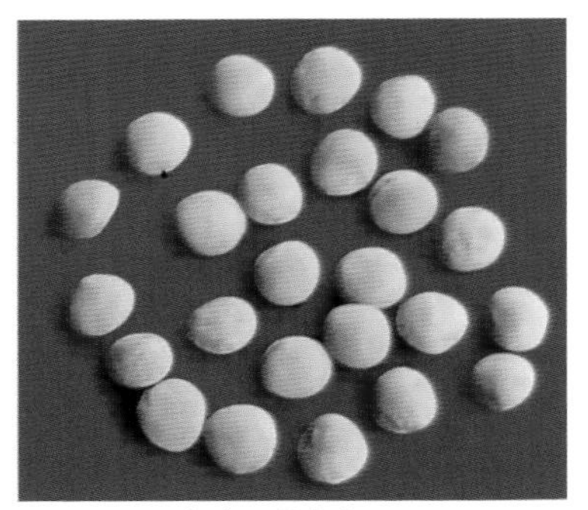

定选 1 号籽粒

图 8–6　小扁豆的植株、花荚和籽粒

（程须珍，2016b. 饭豆、小扁豆等生产技术 .）

（1）栽培情况。小扁豆早在新石器时代就有栽培，栽培历史已有一万年左右，起源于亚洲西南部和地中海东部地区，青铜器时期广泛分布在地中海、亚洲和欧洲等地，后来传入西半球，遍布于美国、墨西哥、智利等地，是通过古丝绸之路传入我国的（程须珍，2016b）。小扁豆适应性较强、分布较广、多种在温带、亚热带和热带的高海拔地区，据联合国粮食及农业组织（FAO）统计，全世界5大洲55个国家生产小扁豆，其种植面积和产量排在世界主要食用豆类的第六位，其中亚洲种植面积最大，占世界小扁豆种植总面积的45.8%。小扁豆在我国的科研生产现状可用“少、小、特、优、新”五个字来概括（王梅春 等，2020）。

（2）分类情况。小扁豆根据种子的大小和性状分为两个亚种：大粒亚种和小粒亚种。两个亚种的农艺性状区别见表8–2。其中大粒亚种主要在欧洲南部、非洲北部和南美洲、北美洲栽培，小粒亚种（图8–7）主要在亚洲南部和欧洲东部栽培。小扁豆在中国的种植面积不大，主要在陕西 、甘肃、宁夏、山西、内蒙古和云南等地区种植，青海也有少量种植（程须珍，2016b）。

表8–2　小扁豆大粒亚种和小粒亚种农艺性状的区别

农艺性状	大粒亚种	小粒亚种
种子形态	扁平状，种子较大，直径6～8毫米，种皮浅绿色或带斑点	扁圆状，种子偏小，直径2～6毫米，凸透镜形，种皮浅黄至黑色，花纹不一
子叶颜色	黄、橙	红、橙、黄、绿
小叶形态	大，卵形	小，长条或披针形
株高	25～75厘米	15～35厘米
花	大，长7～9毫米，白色有纹，少有浅蓝色，花梗上生2～3朵花	小，长4～7毫米，白色、紫色或者浅粉红色，花梗上生1～4朵花
荚果	扁平状，较大，为15～20毫米长	凸面，小至中等大小，6～15毫米长
千粒重	40～90克	10～40克

图8–7　小粒亚种中的红色小扁豆（吴然然／摄）

（3）营养价值。小扁豆干籽粒含蛋白质（约24%）、糖类（58%）及多种维生素和矿质元素，脂肪含量只有1.3%。小扁豆中含有人体必需氨基酸和能够降低胆固醇的可溶纤维，含铁量也是其他豆类的2倍，B族维生素尤其是叶酸的含量也较高，具有健脾和中、升清降浊、除湿止渴的功效（程须珍，2016b）。近年来研究发现，小扁豆中富含的类胡萝卜素、维生素E和酚类等活性物质是天然的抗氧化剂，具有抵抗氧化衰老、预防心脏病和癌症的功能，被认为在保持人体健康和预防慢性疾病方面发挥着重要的作用（张兵，2014）。

（4）综合利用。

① 食用。小扁豆在欧美国家、阿拉伯国家等常被用来制罐头或煮汤菜；在印度，小扁豆主要被做成一种豆瓣食用，小扁豆粉也被用于与其他谷类面粉混合做面包、糕点，并制作婴儿和病人的营养食品；在中国，主要将小扁豆与小麦、玉米磨成混合粉制作面食或以小扁豆粉制凉粉，其嫩荚、嫩叶和豆芽可作为优质的蔬菜（程须珍，2016b）。

② 饲用。小扁豆收获后的茎叶、荚皮以及提取淀粉后的残渣可作为良好的饲料小扁豆籽粒是精饲料，提取淀粉后的残渣仍含40%的蛋白质。

③ 肥用。新鲜茎叶柔软易腐烂，含氮量约6.7%，是优良绿肥和谷类作物的好前茬（程须珍，2016b）。

④ 医用。小扁豆中所含的小扁豆凝集素（LCA）在医学上也有重要的应用（侯夏乐 等，2013）。

87 如何栽培小扁豆？

小扁豆既可以单作，也可以与苹果、枸杞、桑树等低龄果树套作，或者与小麦、大麦等混作。

（1）小扁豆生长习性。小扁豆是长日照作物，也有的对光周期要求不严格。小扁豆喜温暖干燥气候，也能适应冷凉气候，耐旱性强而不耐湿，多种在温带、亚热带和热带的高海拔地区，分布很广，以亚洲栽培最多，在我国主要分布在中西部地区。小扁豆种子发芽最低温度为15℃，最适温度为18～21℃，结荚期最适温度为24℃左右，生育期90～120天。种子休眠期短，子叶不出土（陈喜明 等，2011）。小扁豆能适应多种土壤类型，较适宜在中性或者弱碱性沙质壤土中种植而较不适于在酸性土壤中种植。因不耐涝，要求排水力强，短时间淹水也会导致死亡。在土层深厚，富含磷钾的沙壤土上表现最佳，故结合整地需及时施入基肥（程须珍，2016b）。

（2）栽培技术。

① 播种。在播种前应精选种子，选择粒大、饱满、无破裂、无病虫害的籽粒，播前晒种可以促进出苗。正常播种深度3.5～5.0厘米，如表土太干，可适当深播（6厘米）。小扁豆既可以春播，也可以秋播，播期因地区而异。播种方式多为撒播或者条播。小粒种子不宜深播。条播行距也因品种和地区不同而有所差异，一般为20～30厘米。播种量一般为每亩2～3千克。播种密度方面单作以每亩4万～6万株为宜，间、套、混作以每亩1万～1.33万株为宜。

② 施肥。在播种前，种子应接种根瘤菌，以解决氮素供应问题。如果土壤中氮素不足，可在生长初期施少量氮肥（每亩4千克），直至根瘤菌形成。此外磷和钾对高产十分重要。

③ 病虫害防治。最有效的防治措施是轮作，但由于小扁豆与蚕豆、菜豆、豌豆、大豆、向日葵、马铃薯等作物应有共同的病害，因而应避免与这些作物轮作。玉米、大麦、小麦等适合与小扁豆轮作。此外，使用高质量和无病的种子可防止病菌带入干净的田块。

④ 田间管理。小扁豆对水分有强烈反应，故有灌溉条件的地区应根据苗期需求适时、适量灌水。一般而言，小扁豆苗期需水较少，4～6片真叶时期和花荚形成期是两个需水临界期。此外，杂草对小扁豆的危害也较大，若不除草，其产量损失将达70%～90%。一般需要在播种后的一个月及两个月时各进行一次中耕除草。

⑤ 收获和仓储。在成熟期，小扁豆易落荚和落粒，所以要及时收获。收获后的籽粒要及时脱粒和晾晒，存储于干燥冷凉的环境中（程须珍，2016）。

88 小扁豆的常见病害及其防治方法有哪些?

小扁豆常见病毒病有花叶病毒病等，常见真菌病害有根腐萎蔫复合病、茎腐病和根腐病、锈病等。

（1）小扁豆花叶病毒病。病原为豌豆种传花叶病毒（PSbMV），该病毒靠种子带毒传播，具有较广的寄主范围，可侵染包括小扁豆在内的12科47种植物。PSbMV侵染后会造成小扁豆叶片萎蔫、畸形，茎秆弯曲，花、荚和种子败育，成熟的种子偏小，并有不同程度的弯曲变形。预防是控制小扁豆花叶病毒病发生和传播最有效的方法。① 应严禁从疫区引种，健康的种子来源能真正预防病害发生和传播，同时要对种子进行定期检测，一般要求种子带毒率低于1%。② 避免把小扁豆种植在多年生的植物如苜蓿和车轴草周围，以防这些作物携带病毒及传播病毒的昆虫。此外，抗性品种的选育是减轻病害的根本途径（陆建英 等，2013）。

（2）小扁豆根腐萎蔫复合病。该病又称真性萎蔫，几种致病病原菌往往同时出现。在小扁豆开花前，病原菌通过侵染维管束系统，阻止水分的运输，造成植株萎蔫和死亡。较有利的发病条件为温度17～31℃、空气相对湿度25%、pH为7.6～8的沙质土壤。在农业生产中，选择质地、pH、水分含量和化学组成适宜的土壤，适时播种，可以减少损失（程须珍，2016b）。

（3）小扁豆茎腐病和根腐病。这两种病害都属于土种传病害，病原菌一般有多种，比如在印度，小扁豆茎腐由齐整小核菌（*Sclerotium rolfsii*）引起，根部干腐由甘薯丝核菌（*Rhizoctonia bataicola*）引起，立枯丝核菌（*Rhizoctonia solani*）有时会在小扁豆苗期或成株期引起严重危害。此外，疫霉菌（*Phytophthora* spp.）、镰刀菌（*Fusarium* spp.）、腐霉菌（*Pythium* spp.）也可以引起根腐。高温且湿润的气候有利于该病害的发生及传播，一般被侵染的植株失绿、枯萎，根皮或者茎变褐，最终全株死亡。茎腐和根腐经常与维管束萎蔫同时发生，病情较为严重，尚无有效的防治方法。精选品种、种子和苗床土壤消毒、精细的田间管理及发病初期化学防治（用75%百菌清可湿性粉剂500倍液或70%甲基硫菌灵可湿性粉剂800倍液喷洒地表或灌根防治根腐病，隔7～10天施药1次）等措施可以缓解病害发生（安欢乐 等，2016）。

（4）小扁豆锈病。锈病是由4000种以上真菌引致的几千种重要经济植物和杂草的病害。小扁豆锈病的病原菌是一种专性寄生的真菌，该病是最为严重的叶部病害，在印度、埃塞俄比亚以及南美大部分地区发生严重。病菌主要侵染叶片，严重时候茎、蔓、叶柄和荚均可受害。染病初期，在叶片边缘可见不明显的褪绿小黄斑点，直径0.5～2.5毫米，中央稍凸起，逐渐扩大现出深黄色的夏孢子堆，表皮破裂后散出红褐色粉末即夏孢子。在夏孢子堆上或四周生紫黑色疱斑。叶面或者背面可见略凸起的白色病斑，侵染后导致植株迅速衰老甚至枯死。豆荚染病后形成突出的表皮疱斑，发病严重的可能失去食用价值。防治方法：① 精选抗性良种，如美国的黄子叶78、印度的L9-12和中国的宁武小扁豆等。② 春季宜早播，适当密植。③ 药剂防治。可于发病初期用15%三唑酮可湿性粉剂1000～1500倍液或30%固体石硫合剂150倍液喷洒1～2次，隔15天左右喷洒一次（程须珍，2016b）。

89 小扁豆的常见虫害及其防治方法有哪些？

小扁豆容易受到害虫的侵扰。常见的地下虫害有地老虎、叶象鼻虫的幼虫等，危害地上植株的害虫主要是蚜虫、蓟马和叶象鼻虫的成虫等，危害籽粒的害虫主要有豆荚螟、豆象等。

地下害虫如地老虎和叶象鼻虫的幼虫主要是通过蛀食幼苗茎的生长点、幼根或者根瘤，导致小扁豆植株死亡。防治地下害虫，用杀虫剂拌种是唯一的好办法。

叶象鼻虫有几个种在很多地区造成小扁豆减产，其幼虫蛀食小扁豆的根和根瘤，成虫取食小扁豆叶片，受害的叶片边缘呈齿状。叶象鼻虫危害严重，可致使幼苗死亡。利用药剂熏蒸和喷洒杀虫剂可有效杀灭豆象和叶象鼻虫。

蚜虫中的豌豆蚜和豇豆蚜都能够危害小扁豆。严重时会造成植株萎蔫、畸形和落花落荚。蚜虫还是一些花叶病毒病的主要传播者，影响小扁豆的产量。即发病初期及早喷施农药是较为有效的防治方法。

蓟马也是小扁豆上常见的虫害，会导致花朵变形、失色，叶上有白色条纹或白色斑点，荚上有褐色条纹。一般来讲危害不严重。防治方法：在田间设置蓝色粘虫板，利用蓟马趋蓝色的习性，诱杀成虫，粘板高度与作物持平；及时清除田间杂草和枯枝残叶，以消灭越冬成虫和若虫；加强肥水管理，促使植株健壮生长，减轻危害。

豆荚螟是小扁豆的主要虫害之一。豆荚螟为寡食性害虫，一般从荚中部蛀入，以幼虫在豆荚内蛀食尚未成熟的籽粒，被害籽粒重则被蛀空，仅剩种子柄，轻则被蛀成缺刻，几乎不能作为种子；被害籽粒还会充满虫粪、变褐以至霉烂，影响产量和品质。防治方法：可用2%阿维菌素乳油2000倍液、20%氰戊菊酯乳油2000倍液等杀虫剂对其进行有效防治，每隔7天喷施1次，可喷药1～3次。

豆象是一类危害豆科作物籽粒的仓库害虫。它不仅毁坏小扁豆的种子，而且能降低种子的发芽力。小扁豆受豆象危害的程度也因小扁豆品种而异。可在其初花期开始用药喷雾防治，全生育期用药2～3次，每次用药间隔7～10天。每亩用25%氰戊·辛硫磷乳油25克，兑水15千克，花期喷药；或每亩用2.5%氯氟氰菊酯乳油50毫升，兑水10～15千克喷雾；或每亩用20%氰戊菊酯乳油50克，兑水10～15千克喷雾（程须珍，2016b）。

90 多花菜豆有些什么类型？

多花菜豆（*Phaseolus multiflorus*）因其花多而得名，又称荷包豆、红花菜豆、看花豆等，属于豆科菜豆属，一年生或多年生草本植物（孙淑凤，2017）。中国多花菜豆的种质资源有大白芸豆、大花芸豆、大黑芸豆三种类型（图8-8），已搜集资源约80份。多花菜豆的花色有白花和红花两种，开白花的籽粒较大，充实饱满，白色有光泽，称为大白芸豆；开红花的籽粒多，紫底具黑色大斑块或斑纹，称为大黑芸豆或者大花芸豆。国际热带地区农业研究中心将多花菜豆分为白花亚种和红花亚种，而国际植物遗传资源委员会根据花朵的构造和颜色，将多花菜豆分为8个亚种（郑卓杰 等，1998）。

图8-8　多花菜豆之大白芸豆、大黑芸豆和大花芸豆

91 多花菜豆怎样实行单作和间作、套种？

多花菜豆的栽种方式可分为单作、间作和套种3种栽种方式。

单作：大面积栽种常以单作为主。在前作收获后或播种前进行耕地和整地，一般作成高畦或垄，以利于排水。畦和沟共宽2米，直播2行，行距85～100厘米，穴距25～35厘米，也可以畦和沟共宽1米，种1行，株距40～50厘米，每穴种2～3粒，以后间苗留健壮苗1株，每公顷4.5万～6.0万株。

多花菜豆间作和套种：① 与矮生作物间套作（如马铃薯、魔芋等），每4行马铃薯或魔芋间套作1行多花菜豆。② 与高秆作物间套作（如玉米、向日葵等），每2行玉米套作1行多花菜豆，多花菜豆可以高秆作物为支架。③ 与其他作物间套作，可将多花菜豆的四周围成一圈，用竹竿搭成“人”字形或倒V形支架。

多花菜豆可以直播，也可以育苗移栽，但大面积种植以直播较多。多花菜豆子叶不出土，播种可深到10～15厘米，也可深播浅盖，即塘深12～14厘米，盖土厚度10厘米，以增强抗旱能力。单作每亩用种6.5～8千克。由于多花菜豆花鲜艳，易吸引昆虫异花授粉，为保持品种纯度，各品种要分开种，即两个品种间要相距300～500米，也可以做屏障隔离，即在不同品种间种几行高秆作物隔离开（张友富，2004）。

92 多花菜豆有哪些优良品种？

中国多花菜豆的种质资源有大白芸豆、大花芸豆、大黑芸豆三种类型，已搜集资源约80份。中国以云南、贵州、四川、山西等省种植较多，每公顷产籽粒1000～3000千克。我国各地栽培的多花菜豆，主要是以地方品种为主，均为蔓生。云南南华、丽江的大白芸等，适应性广、粒大、丰产性较好。吉林、黑龙江省的看花豆耐寒、耐高温、较早熟（王晓滨，1999）。

现列举几个比较好的品种性状（表8-3）。

表 8-3 多花菜豆几个优良品种性状

资源号	品种名称	产地	花色	株形	生育期 / 天	粒色	单荚粒数	百粒重 / 克	亩产干豆 / 千克
E0027	大白豆	云南大理	白	蔓生	120	白	2 ～ 5	110	150 ～ 170
E0048	荷苞豆	云南宾川	红	蔓生	150	紫底黑纹	2 ～ 4	120	170 ～ 200
E0063	白云豆	日本引进	白	蔓生	120	白	3 ～ 4	130	170
E0094	—	美国引进	红	蔓生	130	紫底黑纹	2 ～ 3	120	150

资料来源：郑卓杰 等，1998，食用豆类栽培技术问答。

93 四棱豆是怎样的一种豆类?

四棱豆（*Psophocarpus tetragonolobus*）是豆科四棱豆属一年生或多年生攀缘草本植物。四棱豆的荚果为四棱状（图8–9），黄绿色或绿色，有时具红色斑点，边缘锯齿状，果期为10—11月。四棱豆因为每个棱角有锯齿状的翼，背线两侧略高，好似一对翅膀，又被称为“翼翼豆”，嫩荚或干荚多为弧形弯

图 8–9 四棱豆（薛晨晨 / 摄）

曲，部分品种也有顺直果，荚果横切面呈菱形或矩形、四棱形。因为四棱豆形如阳桃，所以也被称作“阳桃豆”（张玉书，1999）。

四棱豆全株是宝，营养价值非常高，既可食用又可药用。四棱豆的花朵、嫩叶、嫩荚、种子、块根均富含蛋白质和多种维生素以及铁、钙、锌、磷、钾等矿物质，被人们称作“豆科之王”“热带大豆”“绿色金子”，甚至拥有“皇帝豆”这样的霸气称谓。四棱豆是一种保健型蔬菜，一般食用其嫩荚、块根、嫩梢叶和种子。干豆粒可榨油，也可烘烤食用。嫩豆芽可炒食。每100克干豆粒含水8.5～9.7克、蛋白质26～45克、脂肪13～20克、糖类31.2～36.5克和各种氨基酸，还含有维生素E 100毫克。每100克嫩荚含水分89～90克，纤维1.3克，维生素20毫克和相当丰富的矿物质。每100克块根含粗蛋白质11～15克，糖类27～31克（周小平，2000）。

四棱豆属于短日照植物，对日照长短反应敏感，在长日照条件下，容易发生茎叶徒长而不能开花结荚。四棱豆对土壤要求不严格，适应性比较强，但在黏重土壤或板结土壤中生长不良，在深厚肥沃的沙壤土上栽培能获得嫩荚（程须珍，2016b）。

94 四棱豆的主要病虫害及其防治方法有哪些?

四棱豆的主要病害有细菌性疫病、炭疽病、病毒病等。此外，还有斑枯病、叶斑病、花腐病和果腐病等。四棱豆的主要虫害有蚜虫、豆荚螟、地老虎、花蓟马等。

（1）四棱豆细菌性疫病。该病又称为火烧病、叶烧病，发生普遍，是四棱豆生产中的常见病害，危害比较严重。主要危害叶片，从叶缘开始发病，发展迅速，呈油浸状，似开水烫伤状，后呈黄白色干枯。一般从底部叶片开始发病，然后向上扩展，严重时叶片大量枯死。发病后期还能危害花冠，被害后，花冠腐烂脱落，若掉落在豆荚上，湿度大时则豆荚也发病腐烂（程须珍，2016b）。

防治方法：①农业防治。进行种子处理，可用45℃温水浸种10分钟后捞出，再浸到冷水中冷却，然后捞出稍晾干后播种。也可用农用链霉素4000倍液浸种30分钟后捞出种子，再浸入清水中，之后捞出催芽播种。选无病土

（如大田土）育苗，适时播种、间苗、定植，并加强管理，促进根系发育，使植株长势良好。实行高畦或高垄种植；经常检查，一旦发现病株，及时摘除病叶，带出田外深埋或烧毁；要精心进行田间管理，防止造成伤口，整枝打叶时，要在晴天露水干了以后才能进行；采取病健株分开管理，防止接触传染。② 生物防治。发病初期，可喷72%农用硫酸链霉素可溶粉剂4000倍液，或喷1%中生菌素水剂100倍液，隔7天喷1次，连喷3～4次。本方法特别适用于有机栽培模式。③ 化学防治。发现中心病株时，可用50%硫酸铜可湿性粉剂200倍液灭杀中心病株。与此同时，在中心病株周围用77%氢氧化铜可湿性粉剂500倍液或20%噻菌铜悬浮剂500倍液喷雾防治。全田零星发病，可把病叶摘除后立即喷洒以上杀菌农药进行防治。

（2）四棱豆炭疽病。叶片发病始于叶背，叶脉初呈红褐色条斑，后变黑褐色或黑色并扩展为多角形网状斑；叶柄和茎病斑凹陷龟裂，呈褐锈色条形斑，病斑连成长条状；豆荚初现褐色小点，扩大后呈褐色至黑褐色圆形或椭圆形斑，周缘稍隆起，四周常具红褐色或紫色晕环，中间凹陷，湿度大时，溢出粉红色黏稠物，内含大量分生孢子；种子染病，出现黄褐色大小不等的凹陷斑。

防治方法：① 农业防治。选用抗病品种；用无病种子或进行种子处理；实行2年以上轮作；使用旧架子材料要用50%代森铵水剂800倍液消毒。② 药剂防治。用种子重量0.4%的50%多菌灵可湿性粉剂拌种。开花后、发病初选用75%百菌清可湿性粉剂600倍液、70%甲基硫菌灵可湿性粉剂500倍液、80%福·福锌可湿性粉剂800倍液、70%甲基硫菌灵可湿性粉剂800倍液加75%百菌清可湿性粉剂800倍液喷洒，隔7～10天一次，连续防治2～3次。此外，采用25%咪鲜胺乳油600倍液喷雾，效果较好（程须珍，2016b）。

（3）四棱豆斑枯病。主要危害叶片，叶上病斑不规则形或多角形，大小2～6毫米，病斑黄褐色至灰褐色，边缘褐色，四周稍褪绿呈黄绿色，病斑中央褪为白黄色或灰白色，后期病斑背面可见散生小黑点，即病菌分生孢子器。病原为菜豆壳针孢（*Septoria phaseoli*）。分生孢子器散生或聚生，初埋生，后突破表皮，球形或近球形，黑褐色；器孢子线状，无色，两端钝圆，直或稍弯，具1～4个隔膜。

传播途径和发病条件：病菌以菌丝体和分生孢子器随病残体遗落土中越冬或越夏，并以分生孢子进行初侵染，通过水溅射传播蔓延。温暖高湿的天气有利于发病。

防治方法：① 及时收集病残物烧毁。② 发病初期及时喷洒75%百菌清可湿性粉剂1000倍液加70%甲基硫菌灵可湿性粉剂1000倍液、75%百菌清可湿性粉剂1000倍液加70%代森锰锌可湿性粉剂1000倍液、40%硫黄·多菌灵悬浮剂500倍液、50%甲硫·福美双可湿性粉剂800倍液，隔10天左右喷洒1次，连续喷洒2～3次，注意喷匀喷足。采收前7天停止用药。

（4）四棱豆叶斑病。生长后期易染病，主要危害叶片，初在叶面上形成褪绿斑，后变成黄褐色至灰褐色，病斑扩展后融合成不规则状大斑，直径2～18毫米，有时具黄色圈。严重的波及茎和荚。病原物为四棱豆假尾孢（*Pseudocercospora psophocarpi*）。子实体生于叶面，子座表生，球形至半球形，褐色，分生孢子梗簇生，直立，不分枝，具1～2个分隔，顶端圆锥状，分生孢子无色，倒棍棒状。

传播途径和发病条件：以菌丝体或分生孢子在病株或种子上越冬，成为翌年初侵染源。带病种子长出幼苗，即成病苗，其子叶散出分生孢子，借风雨传播蔓延。高温多雨天气发病重。

防治方法：① 选用早熟抗病品种。如桂丰1号。② 及时将地表残株、落叶、荚皮深埋土中，减少侵染源。③ 合理密植，保证田间有良好的通风透气条件，增强抗病力；低洼易涝地，雨后及时排除积水；降低田间湿度，抵制病菌繁殖，减轻危害。④ 选用无病种子或用种子重量0.2%的50%甲基硫菌灵可湿性粉剂或50%多菌灵可湿性粉剂拌种，减少幼苗发病。⑤ 发病初期开始喷洒14%络氨铜水剂300倍液或50%甲基硫菌灵可湿性粉剂400～500倍液、50%苯菌灵可湿性粉剂1500倍液、60%多菌灵超微可湿性粉剂800倍液、50%乙霉·多菌灵可湿性粉剂1000～1500倍液。于发病初期开始喷洒，隔10天1次，视病情连喷2～3次，有较好防效。采收前3天停止用药。

（5）四棱豆花腐病。主要危害花穗，从花蒂侵入，引起花腐，湿度大时，病部有白绒毛或生出灰黄色毛状物，偶见零星黑霉，即病原菌的孢囊梗和孢子囊。病原为接合菌亚门真菌东北笄霉（*Choanephora manshurica*）。主轴顶端双叉状分枝，孢子囊直径30～60微米。常从同一菌丝上产生大小孢子囊，大孢子囊具囊轴，生在直立不分枝的孢囊梗下垂的末端，内含大量孢子，孢子卵形或纺锤形，褐色，具毛状附属丝；小孢子囊无囊轴，生在圆形泡囊上，内生孢子2～5个，孢子卵形或纺锤形，暗褐色，有毛状附属丝，能形成接合孢子。

传播途径和发病条件：病菌主要以菌丝体随病残体或产生接合孢子留在土壤中越冬，翌春侵染四棱豆花和幼果，发病后病部长出大量孢子，借风雨或昆虫传播。该菌腐生性强，只能从伤口侵入生活力衰弱的花和果实。棚室保护地栽植四棱豆，若遇低温、高湿条件或浇水后放风不及时、放风量不够及日照不足、连续阴雨，该病易发生和流行。露地栽植四棱豆该病流行与否主要取决于结荚期植株茂密程度、雨日的多少和雨量大小以及是否有阴雨连绵、田间积水等情况。生产上栽植过密，株间郁闭，则发病严重。

防治方法：① 与非豆类作物实行3年以上轮作。② 采用高畦栽培、合理浇水。严防大水漫灌，雨后及时排水。合理密植，注意通风，防止湿气滞留。③ 坐果后应及时摘除残花、病果，集中深埋或烧毁。④ 开花至幼果期开始喷洒64%噁霜·锰锌可湿性粉剂400～500倍液或75%百菌清可湿性粉剂600倍液、58%甲霜·锰锌可湿性粉剂500倍液、70%乙铝·锰锌可湿性粉剂500倍液、50%琥铜·甲霜灵可湿性粉剂600倍液、72%霜脲·锰锌可湿性粉剂800倍液、47%春雷·王铜可湿性粉剂800～1000倍液。对上述杀菌剂产生抗药性时可改用69%烯酰·锰锌1000倍液。

（6）四棱豆果腐病。被害荚果初呈水渍状，后变褐色，逐渐向周围扩展，湿度大时，病部长出白色至浅粉红色霉状物，即病原菌的分生孢子梗和分生孢子，严重的致荚果失水萎缩或腐烂。病原为串珠镰孢中间变种和尖孢镰孢。

传播途径和发病条件：以菌丝体或菌核在土壤中及病残体上越冬。尤其厚垣孢子可在土中存活5～6年或长达10年，成为主要侵染源，病菌从根部伤口侵入，后在病部产生分生孢子，借雨水或灌溉水传播蔓延，进行再侵染。高温、高湿有利于发病，连作地、低洼地、黏土地发病重。

防治方法：① 四棱豆植株高大，要注意栽植密度，必要时要疏枝，使之通风透光。② 注意防治波纹小灰蝶等蛀荚果害虫。③ 必要时可在发病初期喷洒50%甲基硫菌灵可湿性粉剂500倍液或50%多菌灵可湿性粉剂800倍液、50%苯菌灵可湿性粉剂1500倍液，隔10天左右喷洒1次，防治2～3次。采收前3天停止用药。

（7）四棱豆病毒病。病毒病是四棱豆的常见病害，分布较广。感病植株嫩叶皱缩，感病前已定型的叶片，不表现症状。发病与蚜虫的发生相伴。该病由普通花叶病毒和黄花叶病毒侵染引起。带病毒的种子及多种越冬的寄生植物是田间发病的初次侵染来源。播种带病毒种子长出的幼苗，条件适宜时即可发病。病毒主要借有翅蚜虫的迁飞活动在田间传播。此外，汁液接触也可传播。气温在20～25℃时利于显症，高温地区28℃以上呈重型花叶、卷叶、矮化。

防治方法：① 农业防治。选用相对抗（耐）病的品种，精选无病的种子；增施有机肥，适时浇水追肥，使其生长健壮；剪去感病枝叶，加强防治蚜虫、粉虱、斑潜蝇等害虫。苗期感病，则全株矮缩，要及时连根拔除病株，集中烧毁。② 药剂防治。发病初期喷施1.5%烷醇·硫酸铜水乳剂1000倍液，或吗胍·乙酸铜可湿性粉剂500倍液，或1%菇类蛋白多糖水剂300倍液，7～10天喷一次，防治2～3次，药剂可交替使用。

（8）蚜虫。蚜虫是危害四棱豆的主要虫害之一，刺吸后常引起叶片卷曲、节间缩短、植株矮化等症状，严重时可致植株死亡。四棱豆蚜虫具有早期点片发生和后期蔓延速度快的特点。四棱豆出苗后，从第一寄主迁飞进入豆田，开始危害幼苗，由于蚜虫一般迁飞率仅在1%左右，所以此时仅点片发生。四棱豆开花前，蚜虫便很快蔓延全田。其盛花期，如条件适宜，四棱豆蚜虫迅速繁殖并群集于植株顶叶及分枝的幼嫩茎叶上危害，从而造成蚜虫大发生。

防治方法：① 农业防治。培育抗病品种；结合田间管理，清除并烧毁田间杂草，以减少越冬虫口基数。在蚜虫发生数量不大的情况下，及时摘除被害卷叶，剪除虫害枝条，集中处理，防止扩散危害。② 生物防治。利用瓢虫、草蛉、蚜霉菌等天敌。大量人工饲养和培育天敌后，适时释放和喷施。③ 物理防治。利用铝箔或银色反光塑料薄膜避蚜，在畦间增设铝箔条或覆盖银色、灰色塑料薄膜，驱蚜效果显著。④ 药剂防治。可用10%吡虫啉可湿性粉剂5～10克加水100千克，搅匀后喷雾，或50%的抗蚜威可湿性粉剂4000倍液喷雾。另外，氯氟氰菊酯、溴氰菊酯、氰戊菊酯等多种化学药剂也被应用于蚜虫的防治。G-P复合生物杀虫剂对蚜虫防效较好、对天敌昆虫毒性较低，同样具有较好的应用价值。在四棱豆花期至结荚期施药，能有效地控制大豆蚜的发生，减少产量损失。

（9）豆荚螟。豆荚螟以幼虫蛀荚危害。幼虫孵化后在豆荚上结一白色薄丝茧，从茧下蛀入荚内取食豆粒，造成瘪荚、空荚，也可危害叶柄、花蕾和嫩茎。幼虫蛀荚取食豆粒，还会引起落花落荚。

防治方法：① 农业防治。在田间架设黑光灯诱杀成虫，20亩架设一盏；及时清除田间落花、落荚，摘除被害的卷叶和豆荚，减少田间虫源。② 药剂防治。一般在四棱豆现蕾和开花初期开始喷药防治。每10天喷蕾喷花1

次，可选用52.25%氯氰菊酯乳油2500～3000倍液，3%啶虫脒乳油或5%氟虫脲乳油1500～2000倍液。也可用90%晶体敌百虫800～1000倍液隔5天喷1次；或用80%敌敌畏乳油800倍液、20%灭幼脲3号悬浮剂1000倍液喷雾防治。

95 木豆是一种什么样的食用豆?

木豆的原产地为印度，现在世界上热带和亚热带地区普遍有栽培，极耐瘠薄干旱，在印度栽培尤广。引入中国后多产于云南、四川、江西、湖南、广西、广东、海南、浙江、福建、台湾、江苏等地。

木豆（*Cajanus cajan*）又称鸽豆、树豆、柳豆、花豆、米豆、三叶豆等，是豆科木豆属植物，也是豆科唯一可以食用的木本豆类。木豆为直立灌木，高可达3米。多分枝，小枝有明显纵棱，被灰色短柔毛。叶具羽状3小叶；托叶小，卵状披针形，叶柄上面具浅沟，下面具细纵棱，小叶纸质，小托叶极小；小叶柄被毛。总状花序花数朵；苞片卵状椭圆形；花萼钟状，裂片三角形或披针形，花冠黄色，旗瓣近圆形，子房被毛，有胚数颗，花柱线状，无毛，柱头头状（中国科学院中国植物志编辑委员会，1995）。豆荚有圆形、柱形和镰刀形等，以镰刀形为主。鲜籽粒圆或扁圆、椭圆，粒色有绿、绿底、紫斑、红、红底紫斑、紫斑等，单一颜色或带有其他颜色的花斑；具浅绿色种色，在种子成熟时退化或消失（图8-10、图8-11）。

图8-10　木豆的干籽粒（吴然然／摄）

图8-11　木豆的植株（薛晨晨／摄）

木豆的青豆粒是一种蔬菜，其干籽粒可以代替传统的豆类，用来制作木豆豆芽、豆粉、豆豉、酱油等。而经过一些工序，我们常吃的甜糯糯的豆沙也可以由木豆加工而成。广东人在吃木豆这方面可谓非常有心得，常常将其作为包子馅，称之为豆蓉。木豆的叶可作为家畜饲料、绿肥使用。

96 木豆的营养成分如何？

木豆用途广泛，具有较高的营养价值，可食用和饲用。利用木豆进行药品、保健与功能食品的研制和开发具有很大的潜力。但木豆口感不佳，严重限制其食品加工产业的发展。

木豆的营养成分很丰富。含人体必需的8种氨基酸，赖氨酸含量较高。淀粉含量51.4%～58.8%，平均为54.7%。此外，木豆还含有丰富的维生素和矿质元素，其中维生素C、B族维生素、胡萝卜素含量显著高于其他豆类。因此，木豆营养价值极高，可以作为禾谷类食物的重要补充，有研究认为在小麦主食中添加30%木豆或在大米主食中添加85%木豆是人类极为理想的营养结构（蔡化 等，2010）。而且木豆中的糖类在经过人体的消化、分解之后，可以直接为人体供能。胡萝卜素对维持人体的视力有重要的作用，所以经常需要用眼的人群，更是应该适当地吃一些木豆，对保护视力很有好处。此外，每100克的木豆中大约含有19.8克的蛋白质，矿质元素主要以钙、铁、磷为主，其中每100克木豆中含有231毫克的钙、12.5毫克的铁、528毫克的磷，远远要比其他食物高得多，可以有效预防缺铁、缺钙等（刘胜杰 等，1981）。

木豆的花、叶、荚、种子、根和茎皆可入药，据《云南中草药》记载，木豆具有利湿、消肿、散淤、止血的功效。民间也经常用木豆治疗外伤和止痛等。

97 羽扇豆是怎样的一种豆类？

羽扇豆（*Lupinus micranthus*）是一年生草本观赏用植物，属于豆科羽扇豆属。羽扇豆源于地中海地区，多半生长在其他植物无法生存的沙质地。羽扇豆花序挺拔、丰硕，花色艳丽多彩，有白、红、蓝、紫等变化，而且花期长，可用于片植或在带状花坛群体配植，同时也是切花生产的好材料（一帆，2019）。

羽扇豆之名源自它的叶片形状似我们古代的羽扇，因其希腊文是“Lupin”，所以又被音译为“鲁冰花”。羽扇豆因其根系具有固肥的功能，在我国台湾的茶园中广泛种植，当地人民出于感恩，加之它在母亲节前后开放，所以就把它称为“母亲花”。

形态特征：株高20～70厘米，全株被棕色或锈色硬毛。茎上升或直立，基部分枝。叶为掌状复叶具小叶5～8枚，叶柄远长于小叶；托叶钻形，长达1厘米，下半部与叶柄连生；小叶倒卵形、倒披针形至匙形，长1.5～7厘米，先端钝或锐尖，具短尖，基部渐窄。总状花序顶生，长5～12厘米，短于复叶，花序轴纤细，下方的花互生，上方的花不规则轮生；苞片钻形，长3～4毫米；花长1～1.4厘米；花梗长1～2毫米；花萼二唇形，被硬毛，下唇长于上唇，具3深裂片，上唇深裂至萼筒的大部，宿存花冠蓝色，旗瓣和龙骨瓣具白色斑纹（图8-12）。荚果长圆状线形，长2.5～5厘米，顶端具短喙，种子间节荚状，有3～4粒种子。种子卵圆形，扁平，光滑（中国科学院中国植物志编辑委员会，1995）。

图 8-12　鲁冰花（羽扇豆）（薛晨晨 / 摄）

鹰嘴豆是怎样的一种食用豆?

鹰嘴豆（*Cicer arietinum*），属于豆科鹰嘴豆属，又名桃豆、鸡豌豆，一年生或多年生攀缘草本植物。因其籽粒形似鹰嘴或鸡头而得名（图8–13）。鹰嘴豆起源于西亚、地中海沿岸和埃塞俄比亚，目前在世界各地均有种植。其中印度、巴基斯坦、土耳其是主要的种植国家。我国鹰嘴豆种植分散，主要分布在新疆、甘肃等地，内蒙古也有少部分地区种植。鹰嘴豆种子长4～12毫米、宽4～8毫米，百粒重10～75克，粒色有黄色、黄褐色、浅褐色、深褐色、红褐色、绿色、黑色等多种颜色。

图8–13　鹰嘴豆（黄璐／摄）

鹰嘴豆是一种适宜在冷凉地区生长的豆类作物，根系发达，因而耐旱、耐贫瘠，可以为干旱地区、瘠薄山地等地区的人民提供宝贵的植物蛋白，有助于调节膳食结构，均衡营养，并可带来一定的经济收益。

鹰嘴豆具有良好的营养特性，是不可多得的一种具有食用价值和药用价值的豆类。可加工成口味上佳的休闲食品。我国于20世纪80年代从国际干旱地区农业研究中心等单位引入了数百份鹰嘴豆品种试种和栽培，不仅为人民的谷类日常饮食带来了多样性，而且还是膳食纤维、维生素和矿质元素等多种营养的良好来源。

鹰嘴豆主要以食用籽粒为主，其籽粒富含蛋白质、脂肪、淀粉、粗纤维、黄酮、维生素及铁、锰、锌等微量元素等成分，同时还含有人体易于吸收的18种氨基酸。每100克鹰嘴豆干籽粒中含有蛋白质23克、淀粉47.3克、脂肪

5.3克、粗纤维6.3克、灰分3.2克、可溶性糖5.8克。此外，每100克鹰嘴豆干籽粒中维生素含量为42毫克，高于大部分豆类，铁含量则高达47毫克，比其他豆类高出90%。鹰嘴豆中的钙、钾、铁、锌及镁等多种矿物质，能增强机体胶质系统的维持能力以及对酸碱平衡起到重要作用。鹰嘴豆脂肪含量较低，但含有丰富的对人有益的不饱和脂肪酸，能增强机体自身降脂降胆固醇作用，可作为“三高”（高血脂、高血压、高血糖）群体的日常食品。

99 鹰嘴豆对栽培环境条件有什么要求?

鹰嘴豆在栽培前要对种子进行筛选，去掉杂粒、破碎粒、病粒、虫蛀粒。每千克种子用1克克菌丹处理可有效防治苗期病害。将种子用1%氯化钾溶液浸泡6小时可促进发芽并增加苗期的抗旱能力。播种前要进行蓄水保墒，坡地要防止地表径流和水土流失。小粒鹰嘴豆种子，每亩播5～6千克。大粒种子，每亩播5.5～8.0千克。播深为5～12厘米为宜，行株距控制在（25～50）厘米×（10～20）厘米。对于直立株形，群体密度以每平方米50株左右较为合适，对于披散型品种，群体密度以每平方米33株左右较为合适。一般亩产在200千克左右，高产时亩产可达300千克。鹰嘴豆苗期生长量小，易受到杂草的严酷竞争。在播后45天和70天左右进行中耕锄草，可对杂草进行控制，同时可增加土壤通透性和保墒。如果在播种后的70天内能保持田间无杂草，后期其迅速生长的冠层可以抑制住杂草的生长。鹰嘴豆荚果形成时是其需水临界期，若遇干旱情况，需要进行浇水。鹰嘴豆施肥应以磷肥基肥为主，单施氮肥和钾肥对增产效果不明显。鹰嘴豆主要在我国新疆、青海、甘肃等地种植，通常4月播种，8—9月即可收获。

鹰嘴豆通常是如何加工利用的?

鹰嘴豆在国内外通常是用于食品加工的重要原料。目前，在北京、上海等一些大城市的超市里有鹰嘴豆直接包装的产品销售。鹰嘴豆经油炸和膨化加工后，金黄酥脆、口感香甜，被称为“黄金豆”或“珍珠果仁”。鹰嘴豆粉与奶粉混合制成鹰嘴豆乳粉，是婴幼儿和老年人的食用佳品，易于吸收和消化，具有较高的食用价值和保健功能。鹰嘴豆淀粉具有板栗风味，可同小麦一起磨成混合粉作日常主食用。鹰嘴豆粉和各种调味品混合，可用于风味点心的制作，也可做成独具特色的色拉酱。鹰嘴豆籽粒可以做豆沙、煮豆、八宝粥、炒豆或油炸豆，也可以制成罐头食品。鹰嘴豆还可通过发酵工艺制成发酵食品，营养丰富，口感良好，深受广大消费者喜爱。鹰嘴豆籽粒中所含的抗营养物质较少，具有养颜、健胃、润肺、消炎、解毒等作用。

除了作为食品加工的原料，鹰嘴豆籽粒还是优良的蛋白质饲料来源，磨碎后可用于饲喂骡、马等；茎、叶是喂牛的饲草。青嫩的豆粒、嫩叶可作蔬菜；茎秆、残茬可作肥料；所含的大量淀粉可作为棉、毛、丝纺织原料上浆和抛光的上等材料和工业中的胶黏剂。

参 考 文 献

安欢乐，燕翀，徐娜，等，2016. 3种镰刀菌对小扁豆生长的影响［J］. 草业科学，33（1）：67–74.

蔡化，刘洋，田宏，等，2010. 木豆的特性及其在武汉的生长情况介绍［J］. 湖北畜牧兽医（12）：9–11.

陈喜明，高克昌，韩云丽，等，2011. 小扁豆特征特性及高产栽培技术［J］. 中国农业信息（4）：31–33.

陈新，2016. 豇豆生产技术［M］. 北京：北京教育出版社.

陈新，程须珍，崔晓燕，等，2012. 绿豆、红豆与黑豆生产配套技术手册［M］. 北京：中国农业出版社.

陈振，黄维娜，康玉凡，2014. 食用豆品种萌发过程中 γ–氨基丁酸（GABA）含量变化［J］. 食品工业科技，35（17）：115–118，124.

程须珍，1993. 亚蔬绿豆科技应用论文集［M］. 北京：中国农业出版社.

程须珍，2016a. 绿豆生产技术［M］. 北京：北京教育出版社.

程须珍，2016b. 饭豆、小扁豆等生产技术［M］. 北京：北京教育出版社.

程须珍，王述民，2009. 中国食用豆类品种志［M］. 北京：中国农业科学技术出版社.

崔瑾，2014. 芽苗菜最新生产技术［M］. 北京：中国农业出版社.

段醒男，林黎奋，金励勤，1981. 多花菜豆［J］. 农业科技通讯（10）：13.

傅翠真，李安智，张丰德，等，1991. 中国食用豆类营养品质分析研究与评价［J］. 中国粮油学报，（4）：8–11，20.

傅翠真，李安智，张丰德，等，1994. 食用豆种质资源品质鉴定及营养特性［J］. 中国农业科学，（5）：33–38.

谷春梅，姜雷，于寒松，2019. 浸泡介质及浸泡条件对豆浆中抗营养因子及品质的影响［J］. 大豆科学，38（3）：434–442.

郭永田，2014，中国食用豆产业的经济分析［D］. 武汉：华中农业大学.

侯夏乐，高小丽，2013. 小扁豆生产及加工利用现状［C］//西北农林科技大学. 第五届海峡两岸杂粮健康产业研讨会论文集.
李国梁，张向东，丁剑敏，2018. 观赏“奇葩”——羽扇豆［J］. 现代园艺（11）：58.
李家磊，姚鑫淼，卢淑雯，等，2014. 红小豆保健价值研究进展［J］. 粮食与油脂，27（2）：12-15.
林丽，2019. 启东地区白扁豆高产栽培技术［J］. 上海蔬菜（5）：28，38.
刘慧，2012. 世界食用豆生产、消费和贸易概况［J］. 世界农业（7）：48-51.
刘胜杰，杨宝龙，1981. 木豆及猫豆的营养价值的研究［J］. 卫生研究（2）：106-110.
陆建英，杨晓明，2013. 豌豆种传花叶病毒病研究综述［J］. 甘肃农业科技（9）：50-53.
罗娜，2016，特写：豆类唱主角——联合国宣布2016年为“国际豆类年”［J］. 大豆科学，35（2）：344.
潘启元，1992. 世界扁豆研究现状［J］. 宁夏农学院学报（1）：78-83.
史海燕，范志红，魏嘉颐，2011. 不同预处理对家庭制豆浆抗营养因子含量的影响［J］. 食品科学，32（17）：49-54.
孙淑凤，2017. 多花菜豆露地无公害高产栽培技术［J］. 吉林蔬菜（10）：12.
田静，2016. 小豆生产技术［M］. 北京：北京教育出版社.
田静，2019. 食用豆营养保健功能与市场消费［N］. 河北科技报，11-19（B04）.
王梅春，连荣芳，肖贵，等，2020. 我国小扁豆研究综述及产业发展对策［J］. 作物杂志（1）：13-16.
王述民，2016. 普通菜豆生产技术［M］. 北京：北京教育出版社.
王晓滨，1999. 多花菜豆栽培技术要点［J］. 北方园艺（3）：2.
杨亚琴，周其芳，刘进玺，等，2017. 气相色谱法测定食用豆中主要脂肪酸含量［J］. 食品安全质量检测学报，8（2）：574-578.
姚扶有，2010. 藤蔓佳蔬：扁豆［J］. 大众健康（8）：98-99.
一帆，2019. 鲁冰花［J］. 食品与生活（6）：76.
袁星星，陈新，陈华涛，等，2014. 豆类芽苗菜生产技术研究现状及发展方向［J］. 江苏农业科学，42（5）：136-139.
张兵，2014. 小扁豆植物化学物组成及其抗氧化，抗炎活性研究［D］. 南昌：南昌大学.
张友富，2004. 多花菜豆栽培技术［J］. 农村实用技术（6）：4-7.
张玉书，1999. 四棱豆简介［J］. 内蒙古农业科技（S1）：70.
赵建京，范志红，周威，2009. 红小豆保健功能研究进展［J］. 中国农业科技导报，11（3）：

46–50.

郑卓杰，宗绪晓，刘芳玉，1998. 食用豆类栽培技术问答［M］. 北京：中国农业出版社.

中国科学院中国植物志编辑委员会，1995. 中国植物志：第四十一卷［M］. 北京：科学出版社.

周小平，2000. 四棱豆［J］. 云南农业（4）：19.